KB005960

장풍쌤이 콕 집은 **초등 / 중등** 과학교과서 필수 용어

글 장성규(장풍) 그림 김석

2권

전국의 중학생, 예비 중학생 여러분~
과학은 왜 어렵게 느껴질까요?
많은 친구들이 과학 문제만 보면 겁을 먹고 울렁증을 호소해요.

과학이 어려운 이유~ 대부분 용어 뜻을 몰라서 어렵다고 느끼는 거예요.
우리가 땅을 걸어 다닐 때 무슨 힘이 작용하죠? 중력!
우주에서 우리 몸이 둥둥 떠다니는 이유? 무중력!
그럼 여러분은 '중력'과 '무중력'을 정확히 설명할 수 있나요?

또 하나 예를 들어볼게요,
"제 몸의 질량은 60입니다." 무슨 말인지 이해되시나요?
몸무게는 알아도 몸의 질량? 생소하죠.
'무게'랑 '질량'은 달라요.
그런데 평소 우리는 마구 혼용해서 쓰고 있어요.
이렇게 헷갈리는 과학 용어, 이걸 쉽게 정리한 책이
바로 '원말 과학 용어 200'입니다.

과학은 용어의 말뜻 안에 개념이 들어있는 과목이에요.
용어를 알면 문제가 술술 풀리고, 점수가 쭉쭉 오를 겁니다.
연관된 용어를 비교해서 이야기로 풀어주니까
너무 쉽고 재미있는 과학 공부!
저만 믿고 따라와 볼래요?

장성규(장풍) 드림

어려운 과학을 **쉽게**

쉬운 용어는 **깊게**

깊은 내용은 **유쾌하게**

그래서

뭔말 과학 용어 200

이렇게 공부해요

Step 1 퀴즈 풀며 흥미 유발

107

단열 팽창 vs 단열 압축 | 지구과학

풍식이는 어떻게 입김을 불어야 할까요?

난이도 ★★★

Q 풍식이는 라면을 빨리 먹고 싶지만, 너무 뜨거워서 먹지 못하고 있습니다. 라면을 빨리 식히기 위해서 풍식이는 어떻게 입김을 불어야 할까요?

단서 · 뜨거운 라면을 식히기 위해서는 찬 바람을 불어야 한다.
· 공기의 부피가 순식간에 팽창하면 공기의 온도는 내려간다.

❶ 입을 크게 벌려 입김을 분다. ❷ 입을 작게 오므려 입김을 분다.

퀴즈 ▸ 생활 속 사례를 재미있는 퀴즈로 구성하였어요. 답을 추리하다 보면 저절로 용어의 의미를 알 수 있게 된답니다.

단서 ▸ 퀴즈의 정답을 찾을 수 있는 2~3개의 단서를 제공하였어요. 빨리 포기하지 말고 퀴즈 속 그림을 보고 어떤 내용이 펼쳐질지 상상해 보세요.

Step 2 비교하며 본격 학습

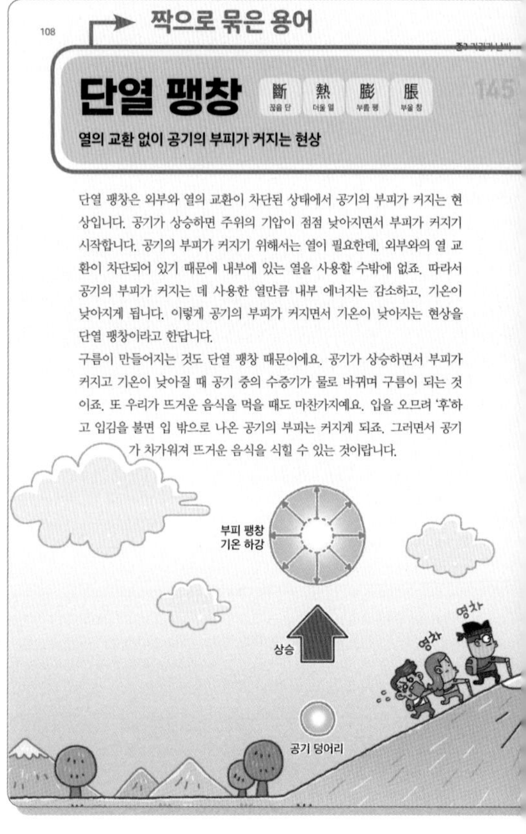
108

짝으로 묶은 용어

단열 팽창 斷 끊을 단 熱 더울 열 膨 부를 팽 脹 부을 창

145

열의 교환 없이 공기의 부피가 커지는 현상

단열 팽창은 외부와 열의 교환이 차단된 상태에서 공기의 부피가 커지는 현상입니다. 공기가 상승하면 주위의 기압이 점점 낮아지면서 부피가 커지기 시작합니다. 공기의 부피가 커지기 위해서는 열이 필요한데, 외부와의 열 교환이 차단되어 있기 때문에 내부에 있는 열을 사용할 수밖에 없죠. 따라서 공기의 부피가 커지는 데 사용한 열만큼 내부 에너지는 감소하고, 기온이 낮아지게 됩니다. 이렇게 공기의 부피가 커지면서 기온이 낮아지는 현상을 단열 팽창이라고 한답니다.

구름이 만들어지는 것도 단열 팽창 때문이에요. 공기가 상승하면서 부피가 커지고 기온이 낮아질 때 공기 중의 수증기가 물로 바뀌어 구름이 되는 것이죠. 또 우리가 뜨거운 음식을 먹을 때도 마찬가지예요. 입을 오므려 '후'하고 입김을 불면 입 밖으로 나온 공기의 부피는 커지게 되죠. 그러면서 공기가 차가워져 뜨거운 음식을 식힐 수 있는 것이랍니다.

필수 용어 ▸ 중학생이 꼭 알아야 할 100개의 용어를 뽑아 짝으로 묶어 비교하였어요. 헷갈리는 개념을 확실하게 익히다 보면 용어의 정확한 뜻을 알 수 있지요.

한 줄 요약 ▸ 한자어 뜻풀이와 한 줄 요약으로 용어를 가장 단순하게 정리해요.

Step 3 단단하게 핵심 정리

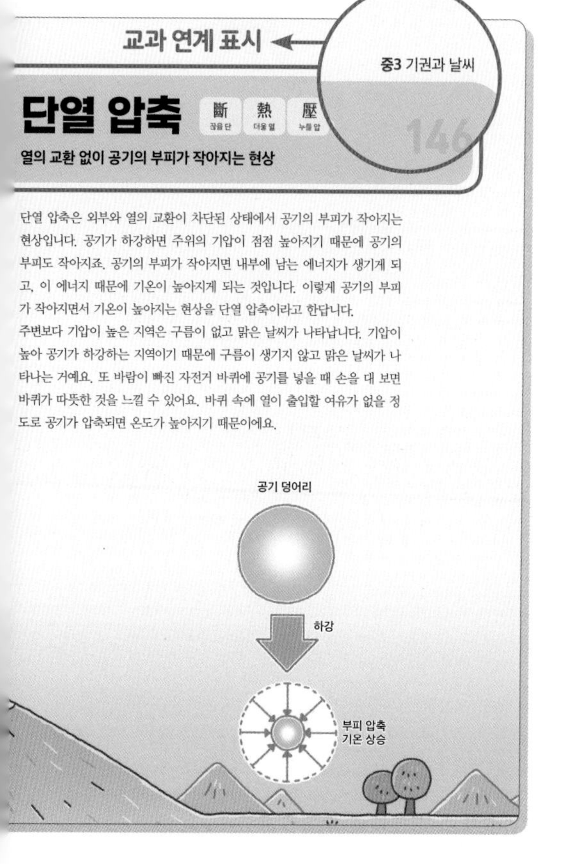

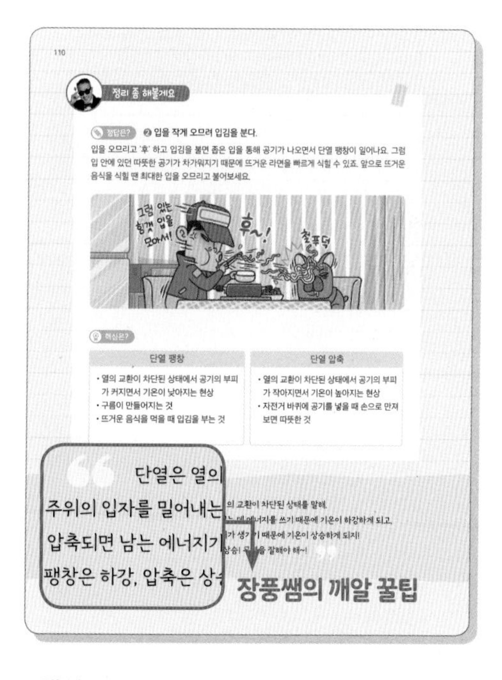

핵심 ▶ 그림을 곁들인 야무진 해설과 깔끔한 표 정리로 용어 학습을 완벽하게 마무리해요.

스토리텔링 ▶ 이야기처럼 술술 읽히도록 최대한 쉬운 말로 용어의 뜻을 풀었어요. 핵심을 콕 집어낸 명쾌한 설명과 다양한 사례로 즐겁게 완독할 수 있어요.

한 판 그림 ▶ 한 장 가득 펼쳐지는 그림을 통해 용어의 의미를 직관적으로 이해할 수 있어요.

이런 과학 용어를 배워요

2권에서 배울 과학 용어 100

이런 과학 용어를 배워요

The end

200개의 용어 뜻만 알아도 과학이 어렵지 않을 거예요.

교과 연계 단원

초등 필수 용어부터 중등 핵심 용어까지 한 번에 해결해요

뭔말 과학 용어 200 2권		초등 과학	중등 과학
101	조직계	6-2 우리 몸의 구조와 기능	중2 동물과 에너지
102	기관계		
103	주영양소	6-2 우리 몸의 구조와 기능	중2 동물과 에너지
104	부영양소		
105	기계적 소화	6-2 우리 몸의 구조와 기능	중2 동물과 에너지
106	화학적 소화		
107	효소	6-2 우리 몸의 구조와 기능	중2 동물과 에너지
108	기질		
109	모세 혈관	6-2 우리 몸의 구조와 기능	중2 동물과 에너지
110	암죽관		
111	혈구	6-2 우리 몸의 구조와 기능	중2 동물과 에너지
112	혈장		
113	심방	6-2 우리 몸의 구조와 기능	중2 동물과 에너지
114	심실		
115	동맥	6-2 우리 몸의 구조와 기능	중2 동물과 에너지
116	정맥		
117	정맥혈	6-2 우리 몸의 구조와 기능	중2 동물과 에너지
118	동맥혈		
119	들숨	6-2 우리 몸의 구조와 기능	중2 동물과 에너지
120	날숨		
121	균일 혼합물	4-1 혼합물의 분리	중2 물질의 특성
122	불균일 혼합물		
123	강수량	5-2 날씨와 우리 생활	중2 수권과 해수의 순환
124	증발량		

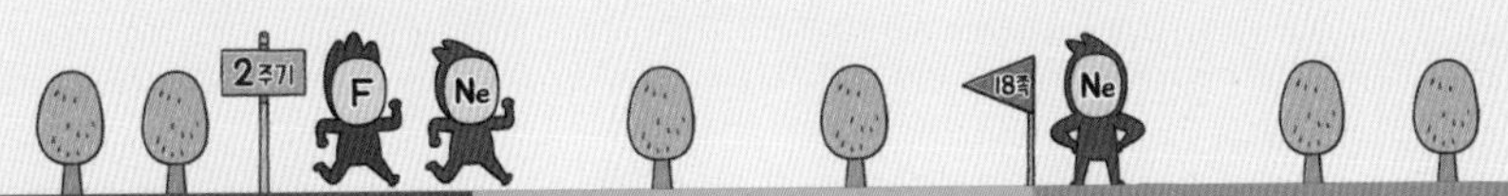

뭔말 과학 용어 200 2권		초등 과학	중등 과학
125	한류	4-2 물의 여행	중2 수권과 해수의 순환
126	난류		
127	만조	4-2 물의 여행	중2 수권과 해수의 순환
128	간조		
129	밀물	4-2 물의 여행	중2 수권과 해수의 순환
130	썰물		
131	사리	4-2 물의 여행	중2 수권과 해수의 순환
132	조금		
133	섭씨온도	5-1 온도와 열	중2 열과 우리 생활
134	절대 온도		
135	전도	5-1 온도와 열	중2 열과 우리 생활
136	대류		
137	비열	5-1 온도와 열	중2 열과 우리 생활
138	열용량		
139	해풍	4-2 물의 여행	중2 수권과 해수의 순환
140	육풍		
141	물리 변화	5-1 용해와 용액	중3 화학 반응의 규칙과 에너지 변화
142	화학 변화		
143	태양 복사 에너지	5-2 날씨와 우리 생활	중3 기권과 날씨
144	지구 복사 에너지		
145	단열 팽창	5-2 날씨와 우리 생활	중3 기권과 날씨
146	단열 압축		
147	적운형 구름	5-2 날씨와 우리 생활	중3 기권과 날씨
148	층운형 구름		

교과 연계 단원

뭔말 과학 용어 200 2권		초등 과학	중등 과학
149	빙정설	5-2 날씨와 우리 생활	중3 기권과 날씨
150	병합설		
151	고기압	5-2 날씨와 우리 생활	중3 기권과 날씨
152	저기압		
153	시베리아 기단	5-2 날씨와 우리 생활	중3 기권과 날씨
154	북태평양 기단		
155	한랭 전선	5-2 날씨와 우리 생활	중3 기권과 날씨
156	온난 전산		
157	온대 저기압	5-2 날씨와 우리 생활	중3 기권과 날씨
158	열대 저기압		
159	시간기록계	6-2 에너지와 생활	중3 운동과 에너지
160	다중 섬광 사진		
161	정지 관성	6-2 에너지와 생활	중3 운동과 에너지
162	운동 관성		
163	힘	6-2 에너지와 생활	중3 운동과 에너지
164	에너지		
165	위치 에너지	6-2 에너지와 생활	중3 운동과 에너지
166	운동 에너지		
167	맹점	6-2 우리 몸의 구조와 기능	중3 자극과 반응
168	황반		
169	원근 조절	6-2 우리 몸의 구조와 기능	중3 자극과 반응
170	명암 조절		
171	반고리관	6-2 우리 몸의 구조와 기능	중3 자극과 반응
172	전정 기관		
173	냉점	6-2 우리 몸의 구조와 기능	중3 자극과 반응
174	온점		

뭔말 과학 용어 200 2권		초등 과학	중등 과학
175	교감 신경	6-2 우리 몸의 구조와 기능	중3 자극과 반응
176	부교감 신경		
177	의식적 반응	6-2 우리 몸의 구조와 기능	중3 자극과 반응
178	무조건 반사		
179	호르몬	6-2 우리 몸의 구조와 기능	중3 자극과 반응
180	신경		
181	인슐린	6-2 우리 몸의 구조와 기능	중3 자극과 반응
182	글루카곤		
183	염색체	6-2 우리 몸의 구조와 기능	중3 생식과 유전
184	염색사		
185	상동 염색체	6-2 우리 몸의 구조와 기능	중3 생식과 유전
186	염색 분체		
187	체세포	6-2 우리 몸의 구조와 기능	중3 생식과 유전
188	생식세포		
189	우성	6-2 우리 몸의 구조와 기능	중3 생식과 유전
190	열성		
191	순종	6-2 우리 몸의 구조와 기능	중3 생식과 유전
192	잡종		
193	겉보기 등급	5-2 태양계와 별	중3 별과 우주
194	절대 등급		
195	성단	5-2 태양계와 별	중3 별과 우주
196	성운		
197	산개 성단	5-2 태양계와 별	중3 별과 우주
198	구상 성단		
199	빅뱅 우주론	5-2 태양계와 별	중3 별과 우주
200	정상 우주론		

MBTI로 보는 풍's 패밀리

패셔니스타 과학 선생님.
지저분한 것을 보면 참을 수 없는 정리왕!
83만 수강생과의 멋진 만남을 추구하며
매일 어떤 옷을 입을지 고민한다.

장풍쌤의 강아지, 프렌치 불독.
가끔 사람보다 똑똑해 보인다.
풍이가 사람이었다면 천재였을 것이다?!

웹툰 작가를 꿈꾸는 초등 6학년.
창의적이고 호기심이 많다.
장풍쌤과 과학을 공부하며 배운 내용을
패드에 그림으로 남기고 있다.

장풍쌤 바라기인 초등 6학년.
상상력이 풍부하고 모든 일에 열정적이다.
한마디로 인싸?!
친구들 사이에서 항상 대장을 도맡고 있다.

풍마니 윗집에 살고있는 사촌형.
사색을 즐기며 매사를 진지하게 탐구한다.
가끔 동생들이 귀찮게 하지만
함께 노는 것이 나름 재미있다.

풍마니의 남동생, 유치원생.
세상에 대한 호기심이 왕성하고,
항상 형, 누나들과 함께 놀고 싶어한다.

여러분! 뭔말 과학 용어 1권

어땠어요?

공부하는 책이 아니라
집에서 심심할 때,
두고두고 읽을 수 있는
유쾌한 책

mi****in

중학생이 되기 전에
뭔뜻인지 말해줄게.
이 문구가 맘에 들어 펼쳐 든 책.
열심히 읽고
반복해서 볼 거예요.

to****08

뭔말을 고른 건 신의 한 수!
이제, 용어가 낯설지 않아요,
과학이 두렵지 않아요!

lo****80

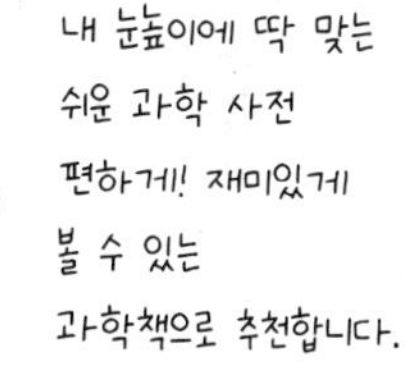

뭔말 과학 용어에
푹 빠진 덕후들
소리 질러~!!!!!

내 눈높이에 딱 맞는
쉬운 과학 사전
편하게! 재미있게
볼 수 있는
과학책으로 추천합니다.

jj*****ge

무게는 아는 용어였지만,
질량에 대해서는 잘 몰랐거든요.
그림을 통해 비교하며 설명해주니
이해하기 쉬웠어요.

do*****e7

과학을 잘하지 못하는
제게 딱이에요!

su*****80

'뭔말 과학 용어'
덕후를 찾아라
얼마나 과몰입했는지
덕후 선발고사를 통해
알아봅시다~
까르르릉~
어떤 문제를
낼까?
뒤적 뒤적
뭔말
카~
역시 내 그림이
최고야!
드디어 찾았다
2번 답!
3번 답
어디 숨은거
뒤적
뒤적
"뭔말 과학 용어" 덕후 선발고사
뭔말 과학용어를
나노 단위로
읽었겠지?!
저기 팔 좀
오른쪽으로
조금만
샤샤샥

제1회 뭔말 덕후 선발 고사

<뭔말 과학 용어 200> 1권을 읽고, 다음 문제를 풀어 보세요.

1. 풍's 패밀리의 탐사선이 착륙한 행성은 어디일까요? (　　)

① 목성　② 화성　③ 토성　④ 해왕성

2. 화석을 보러 간 장풍쌤이 점심으로 먹은 메뉴는 무엇일까요? 

① 김밥　② 짬뽕　③ 짜장면　④ 라면

3. 패셔니스타 장풍쌤이 입지 <u>않은</u> 옷은 무엇일까요? (　　)

① 노란색 후드티　② 흰색 실험 가운
③ 검은색 롱패딩　④ 초록색 쫄쫄이

정답은 222쪽에 있어요!

2권으로
GO GO~!

장풍쌤의 아바타는 어떤 문으로 들어가야 할까요?

난이도 ★★★

Q 메타버스 플랫폼에 접속한 장풍쌤. 본인과 쏙 빼닮은 아바타를 만들고 본격 체험을 시작하려는 순간! "자신에게 해당하는 구성 단계의 문으로 들어가세요."라는 안내 문구가 적힌 팝업창이 떴어요. 장풍쌤의 아바타는 어떤 문으로 들어가야 할까요?

단서
- 식물은 조직계를 가지고 있다.
- 동물은 기관계를 가지고 있다.

❶ 조직계　　❷ 기관계

조직계 組 織 系

조직 조 / 짤 직 / 묶을 계

101

식물에서 비슷한 기능과 역할을 하는 조직이 모여 있는 것

대부분의 생물은 수많은 세포로 이루어져 있고, 모양과 기능이 비슷한 세포들이 모여 조직을 이룹니다. 그리고 그 조직 중에서도 비슷한 조직이 모여 고유한 형태와 기능을 가지는 기관을 형성하지요. 이러한 기관이 모이면 식물이라는 개체가 됩니다. 그런데 식물은 이 중에서도 조직과 기관 사이에 '조직계'라는 구성 단계를 가지고 있어요. 식물의 조직계는 식물의 내부를 보호하는 표피* 조직계, 물과 양분을 운반하는 관다발 조직계, 그 외 부분을 이루는 조직이 모여 양분의 저장과 광합성을 하는 기본 조직계로 구분할 수 있지요.

즉, 식물의 구성 단계는 세포 → 조직 → 조직계 → 기관 → 개체로 나타낼 수 있답니다.

*표피(表 겉 표 皮 가죽 피) : 표면을 덮고 있는 조직

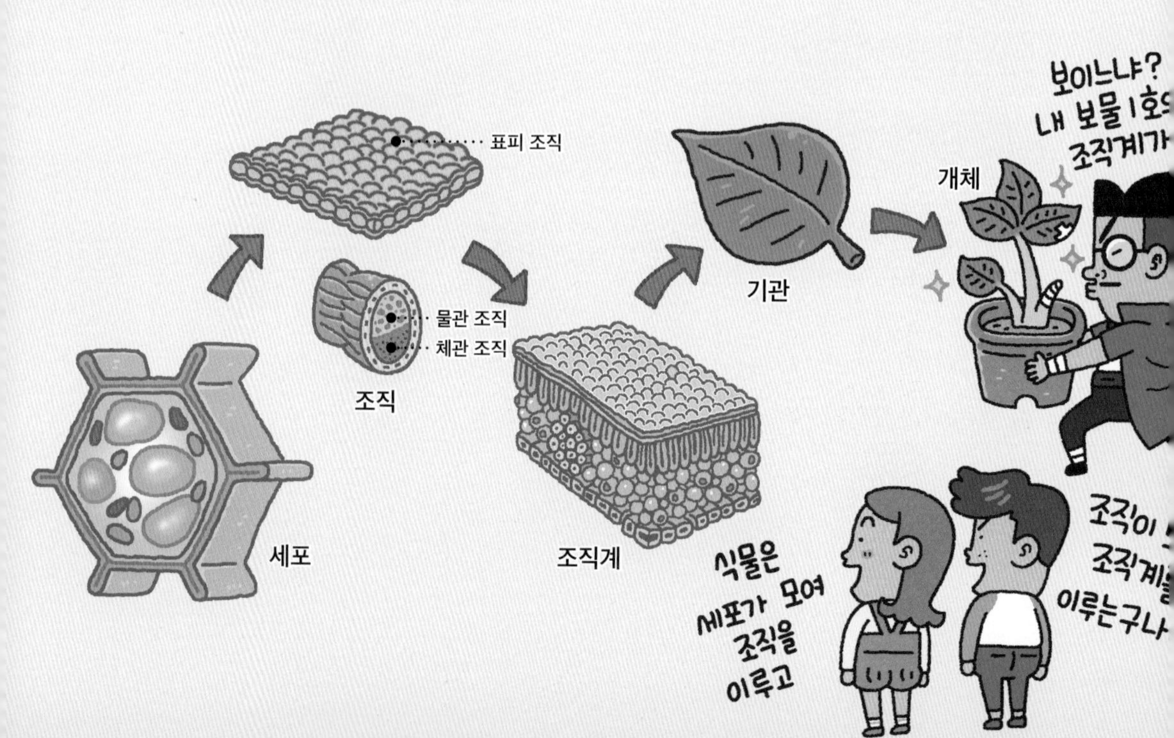

기관계 器 官 系

器 그릇 기 官 벼슬 관 系 묶을 계

102

동물에서 비슷한 기능과 역할을 하는 기관이 모여 있는 것

동물도 식물과 마찬가지로 가장 작은 단위인 세포들이 모여 조직을 이루고, 조직이 모여 기관, 기관이 모여 개체를 이룹니다. 하지만 동물은 식물과 다르게 기관과 개체 사이에 '기관계'라는 구성 단계를 가지고 있죠. 기관계가 모이면 동물이라는 개체가 되는 것입니다. 동물의 기관계에는 소화계, 순환계, 호흡계, 배설계, 신경계, 감각 기관계, 면역계, 내분비계호르몬을 분비하는 기관계 등이 있습니다. 예를 들어 소화계는 각 기능을 가진 위, 간, 이자, 소장 등과 같은 기관들이 모여 있는 구성 단계인 것이죠.
즉, 동물의 구성 단계는 세포 → 조직 → 기관 → 기관계 → 개체로 나타낼 수 있습니다.

*상피(上 위 상 皮 가죽 피) : 동물의 체내외의 모든 표면을 덮고 있는 세포층

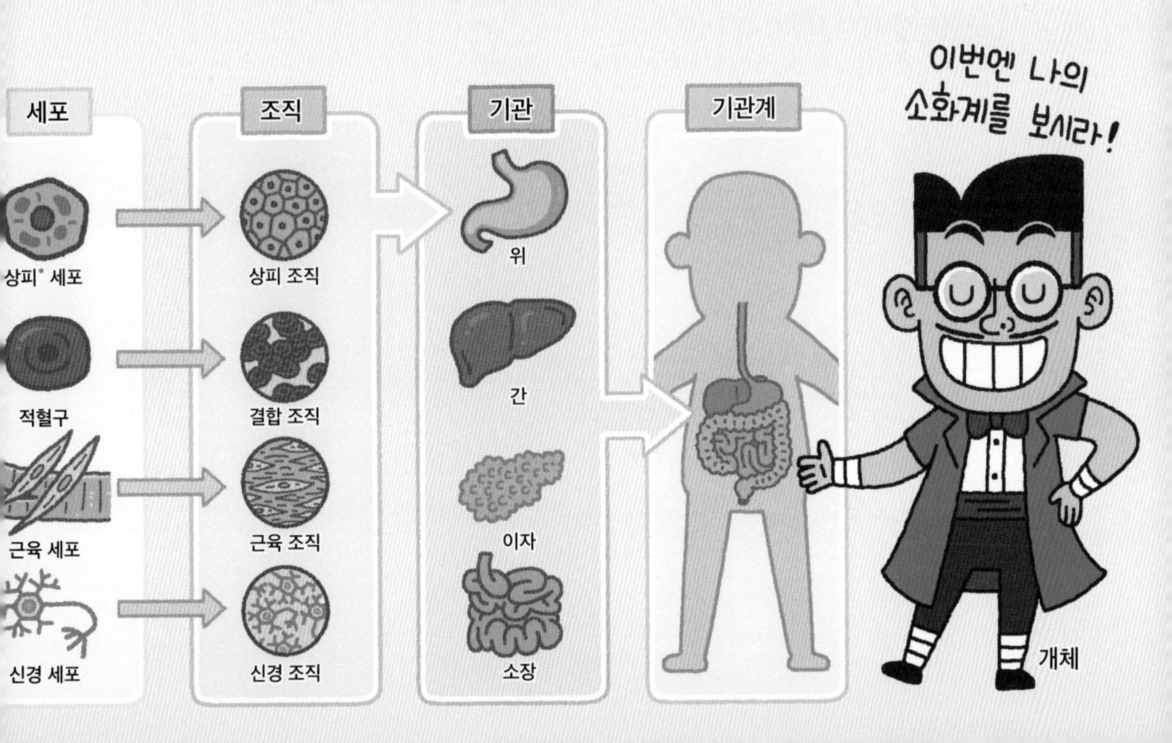

정리 좀 해볼게요

정답은? ❷ 기관계

조직계는 식물이 가지고 있는 구성 단계이고, 기관계는 동물이 가지고 있는 구성 단계예요. 사람도 동물에 속한다는 것 알고 있지요? 따라서 장풍쌤은 기관계의 문을 열고 들어가야 한답니다.

핵심은?

조직계	기관계
• 식물에서만 나타나는 구성 단계 • 여러 조직들이 모여서 조직계를 이룸 • 표피 조직계, 관다발 조직계, 기본 조직계로 이루어짐	• 동물에서만 나타나는 구성 단계 • 여러 기관들이 모여서 기관계를 이룸 • 소화계, 순환계, 호흡계, 배설계 등으로 이루어짐

> 세포 → 조직 → 기관 → 개체는 생물의 공통적인 구성 단계이고,
> 식물은 조직계가, 동물은 기관계가 존재한다는 것!
> 조식! 기동! 이렇게 암기를 해보자.
> 식물의 뿌리, 줄기, 잎은 영양 기관이라는 것도 같이 기억하자~

장풍쌤이 먹게 될 음식은 무엇일까요?

난이도 ★★★

Q 모든 에너지를 쏟아 부어 강의를 촬영하고 돌아 온 장풍쌤에게 풍마니와 풍슬이가 간식을 건네는데요. 풍슬이는 오렌지를, 풍마니는 삶은 감자를 가져왔습니다. 지쳐있는 장풍쌤은 에너지를 보충하기 위해 무엇을 먹어야 할까요?

단서
- 에너지를 만드는 영양소는 탄수화물, 지방, 단백질이다.
- 감자는 탄수화물을 많이 포함하고 있다.
- 오렌지는 바이타민을 많이 포함하고 있다.

❶ 오렌지 ❷ 감자

주영양소

主 주요 주 | 營 지을 영 | 養 기를 양 | 素 바탕 소

103

생명 활동에 필요하며, 에너지원으로 사용되는 영양소

영양소는 외부(주로 음식)에서 받아들인 물질 중에 생명을 유지하기 위해 필요한 에너지를 만들거나, 몸을 구성하고 생리 작용을 조절하는 데 사용되는 것을 말합니다. 이들 영양소 중에서 생명 활동에 필요한 에너지를 내는 물질로 사용되는 것을 주영양소 또는 3대 영양소라고 하며 탄수화물, 단백질, 지방이 이에 해당되지요.

주영양소 중에 가장 먼저 에너지원으로 사용되는 탄수화물은 탄소, 수소, 산소로 구성되며 1g당 4kcal의 에너지를 냅니다. 사용하고 남은 탄수화물은 지방으로 전환되어 몸에 저장되기도 하지요. 또 다른 에너지원인 단백질은 탄소, 수소, 산소, 질소로 구성되고 탄수화물이나 지방이 부족한 경우 에너지원으로 사용되며 1g당 4kcal의 에너지를 내죠. 지방은 지질이라고 부르기도 하며 탄소, 수소, 산소로 구성되고 1g당 9kcal의 에너지를 내죠. 지방은 같은 양을 섭취했을 때 탄수화물이나 단백질보다 에너지를 더 많이 얻을 수 있고, 피부 아래에 저장되어 체온 유지를 도와요. 하지만 지나치게 많이 저장되면 비만이 될 수 있습니다.

우리 몸의 구성 성분

물 66%
단백질 16%
지방 13%
무기염류 4%
탄수화물 0.6%
기타 0.4%

우리 몸은 대부분 물로 구성되어 있지만 에너지를 낼 수 있는 물질은 탄수화물, 단백질, 지방이다.

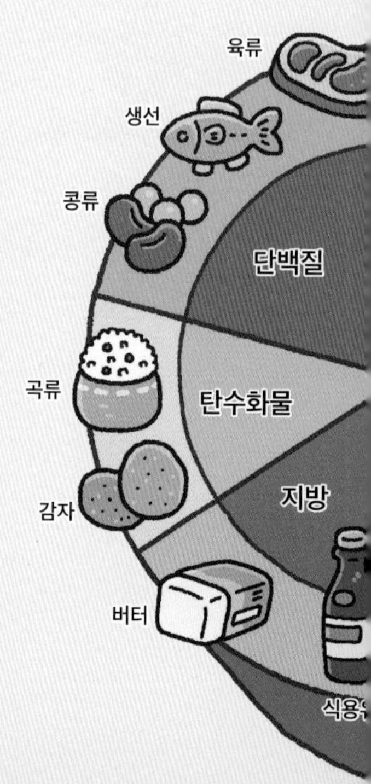

부영양소 附營養素

붙을 부 지을 영 기를 양 바탕 소

104

에너지원으로 사용되지는 않지만, 몸의 기능을 조절하는 데 필요한 영양소

에너지원으로 사용되지는 않지만 몸의 기능을 조절하는 데 필요한 영양소를 부영양소라고 합니다. 물, 무기염류, 바이타민 등이 해당되지요.

물은 우리 몸에서 가장 많은 양을 차지하는 물질로, 생명을 유지하는 데 꼭 필요합니다. 영양소와 노폐물 등을 운반하거나 체온을 조절하는 역할을 하죠. 바이타민은 매우 적은 양으로 몸의 기능을 조절하며, 대부분 몸속에서 만들어지지 않기 때문에 음식물로 섭취해야 합니다. 섭취량이 부족하면 몸에 결핍증이 나타날 수 있어요. 또 무기염류는 무기질 혹은 미네랄이라고도 하며 철, 칼슘, 아이오딘, 인 등이 속합니다. 무기염류는 뼈, 이, 혈액 등을 구성하며 몸속의 pH나 삼투압 등을 조절하는 역할을 한답니다.

바이타민 결핍증

바이타민 A(눈) : 야맹증
바이타민 B1(다리) : 각기병
바이타민 B2(피부) : 피부병
바이타민 C(입) : 괴혈병
바이타민 D(등) : 구루병
바이타민 E(배) : 불임증

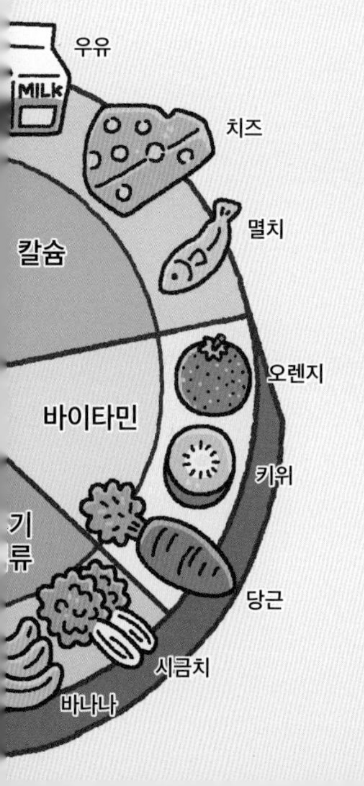

정리 좀 해볼게요

정답은? ❷ 감자

에너지를 내기 위해서는 주영양소인 탄수화물, 단백질, 지방을 섭취해야 해요. 감자에는 탄수화물이 많이 포함되어 있고, 오렌지에는 바이타민이 많이 포함되어 있죠. 따라서 장풍쌤이 에너지를 보충하기 위해서는 탄수화물이 많이 포함된 감자를 먹어야 한답니다.

핵심은?

주영양소	부영양소
• 생명 활동에 필요하며, 에너지를 내는 영양소 • 탄수화물, 단백질, 지방	• 영양소 중 에너지원으로 사용되지 않지만 몸의 기능을 조절하는 데 필요한 영양소 • 물, 무기염류, 바이타민 등

"우리 몸을 구성하고, 에너지원으로 사용되는 영양소는 주영양소! 탄단지
우리 몸에서 가장 많은 양을 차지하는 물과 적은 양으로 생리 작용을 조절하는
무기염류와 바이타민은 부영양소! 어느 하나라도 빠지면 몸이 아플 거야.
그러니 뭐든지 잘 먹는 풍마니가 되자!"

식빵을 오래 씹으면 단맛이 나는 까닭은 무엇일까요?

난이도 ★★☆

Q 풍식이는 식빵을 먹다가 문득 '식빵을 오래 씹으니 단맛이 난다.'는 사실을 깨닫게 되었습니다. 단맛이 나는 데 결정적 역할을 한 것은 풍식이의 이일까요, 침일까요?

단서
- 소화의 과정에는 기계적 소화와 화학적 소화가 있다.
- 침에는 녹말을 엿당으로 분해하는 아밀레이스가 들어 있다.

❶ 이 ❷ 침

기계적 소화

Mechanical Digestion
기계적인 소화

105

음식물의 크기를 작게 하거나 소화액과 잘 섞이도록 하는 과정

소화*가 되는 과정에서 소화 기관의 물리적인 운동으로 음식물을 잘게 부수거나 소화액과 잘 섞이도록 하는 것을 기계적 소화라고 합니다. 기계적 소화에는 이로 음식물을 잘게 부수는 저작 운동, 음식물과 소화액을 섞어주는 분절 운동, 음식물을 입에서 항문까지 이동시키는 꿈틀 운동이 있지요.

사과를 이로 씹어서 작게 만들어 먹는 것과 같이 기계적 소화는 음식물의 크기를 작게 하여 소화액이 잘 섞일 수 있도록 도와주는 과정일 뿐, 물질의 화학적 성질은 변화시키지 않아요.

*소화(消 사라질 소 化 될 화) : 음식물에 들어 있는 영양소를 몸에 흡수하기 쉽도록 잘게 분해하는 과정

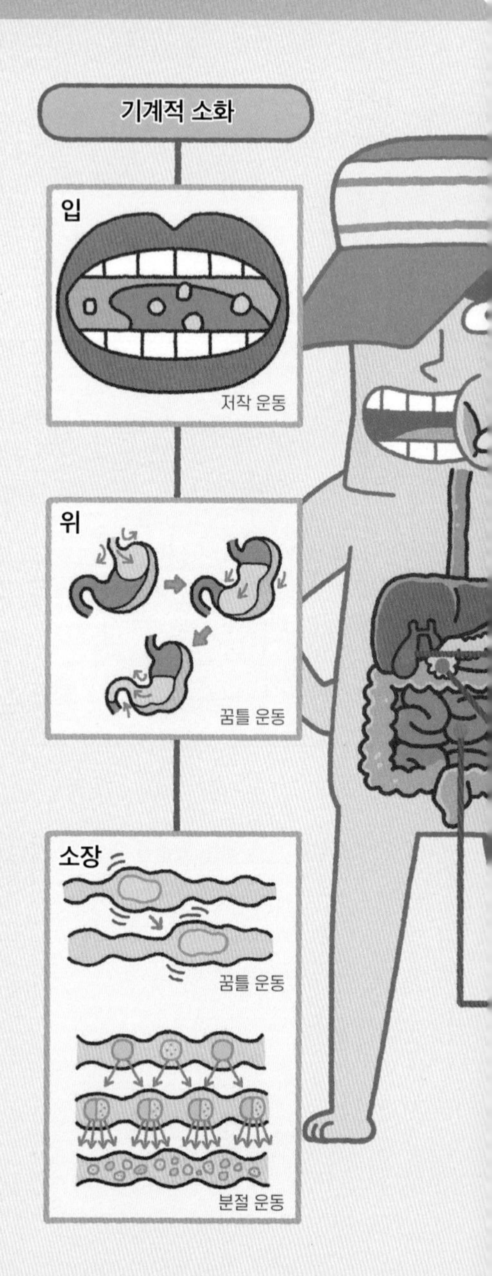

화학적 소화

Chemical Digestion
화학적인 소화

106

소화 효소가 음식물을 분해하여 고분자 영양소가 저분자로 변하는 과정

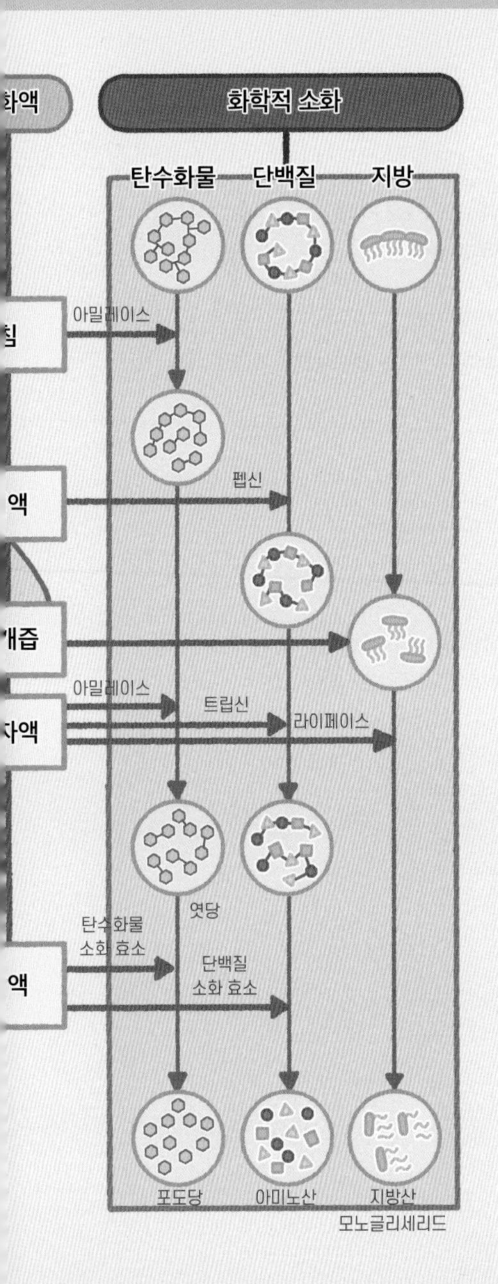

소화가 되는 과정에서 다양한 소화 효소*에 의해 크기가 큰 영양소를 작게 분해하여 영양소가 몸속으로 잘 흡수될 수 있도록 하는 것을 화학적 소화라고 합니다.

우리 몸의 소화 기관 속에는 소화 효소가 들어 있는데요. 침에는 녹말을 분해하는 아밀레이스가 들어 있고, 위액에는 단백질을 분해하는 펩신이 들어 있습니다. 이자에서 소장으로 분비되는 이자액에는 아밀레이스뿐만 아니라 단백질을 분해하는 트립신과 지방을 분해하는 라이페이스가 들어 있지요.

녹말은 소화 효소인 아밀레이스에 의해 엿당으로 분해가 되는데, 이때 단맛이 나지 않는 녹말이 단맛이 나는 엿당으로 변한 것은 물질의 화학적 성질이 변한 것이기 때문에 화학적 소화라고 할 수 있어요. 효소에 대한 자세한 내용은 다음 장에서 배울 수 있어요.

*__효소__(酵 효모 효 素 바탕 소) : **생명체 내에서 일어나는 화학 반응을 빠르게 하는 물질**

정리 좀 해볼게요

정답은? ❷ 침

입에서는 기계적 소화와 화학적 소화가 모두 일어난답니다. 침샘에서 분비되는 침 속에는 소화 효소인 아밀레이스가 들어 있어 음식물에 들어 있는 녹말을 엿당으로 분해하지요. 이때 단맛이 나지 않던 녹말이 단맛이 나는 엿당으로 분해되는 화학적 소화가 일어나는 거예요.

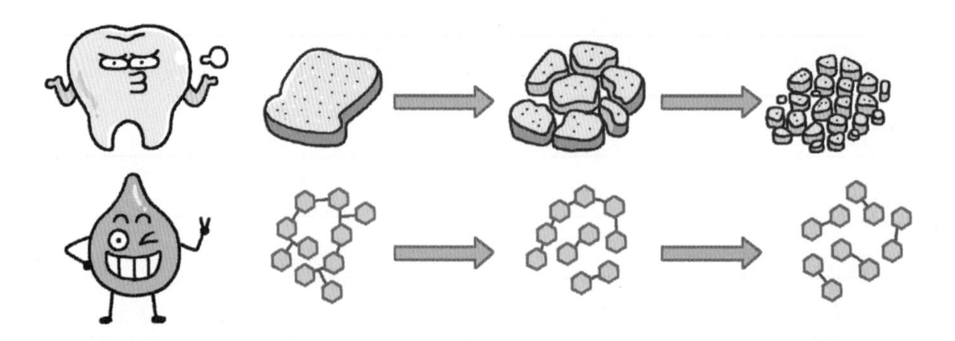

핵심은?

기계적 소화	화학적 소화
• 소화 기관의 물리적 운동을 통해 음식물을 잘게 부수고 소화액과 잘 섞이도록 하는 것 • 저작 운동, 분절 운동, 꿈틀 운동이 있음	• 소화 기관에서 분비되는 소화 효소에 의해 영양소를 작게 분해하는 것 • 아밀레이스에 의해 녹말이, 펩신과 트립신에 의해 단백질이, 라이페이스에 의해 지방이 분해됨

물리적인 힘을 이용한 기계적 소화! 화학적인 물질인 효소를 이용한 화학적 소화!
기계적 소화가 잘 이루어지면 화학적 소화는 더 빠르게 이루어져.
효소는 반응을 빠르게 해주는 촉매로서 굉장히 중요한 역할을 하지.
그러니 효소 이름은 모두 암기해야 하겠지?!

OO에 차례로 들어갈 용어는 무엇일까요?

난이도 ★★☆

Q 젤리가 든 상자를 가져온 풍미니. 그러나 상자는 자물쇠로 잠겨 있네요. 젤리를 먹기 위해 풍마니와 풍슬이가 각각 열쇠를 골랐어요. 이 모습을 본 장풍쌤은 "별 모양 자물쇠와 열쇠가 꼭 'OO와 OO' 관계 같은걸?"이라고 말했는데요. OO에 들어갈 용어는 차례대로 무엇일까요?

단서
- 한 종류의 효소는 한 종류의 기질에만 반응한다.
- 효소와 기질이 반응하면 기질은 새로운 물질이 된다.

❶ 효소, 기질 ❷ 세포, 조직

효소 酵 素

효모 효 / 바탕 소

107

생명체 내에서 일어나는 화학 반응을 빠르게 하는 물질

효소는 단백질의 일종으로, 생명체 내에서 화학 반응이 일어날 때 자신의 성질은 변하지 않고 반응 속도를 빠르게 하는 물질을 말합니다. 생명체 안에서 작용하는 촉매*이기 때문에 생체 촉매라고 부르기도 해요. 효소는 단백질이기 때문에 다른 촉매들과 다르게 온도나 pH*의 영향을 받아요. 또 생명체 내에서 작용하기 때문에 생명체의 온도와 비슷한 35~40℃ 사이에서 가장 활발하게 활동하며, 45℃ 이상이 되면 단백질의 분자 구조가 변형되기 때문에 기능을 잃게 됩니다. 각 효소는 작용에 알맞은 최적의 pH가 존재하고, 이를 벗어나면 효소가 제대로 활동하지 못해요.

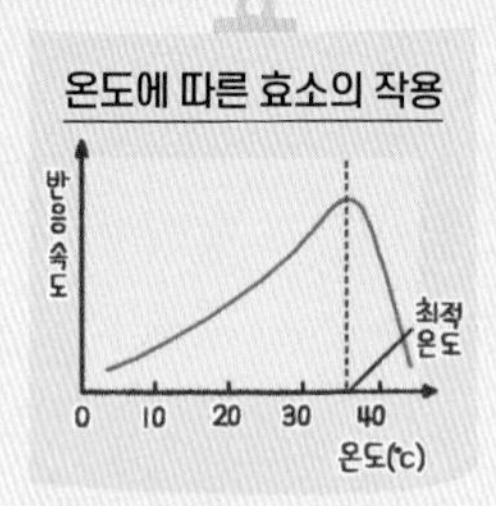

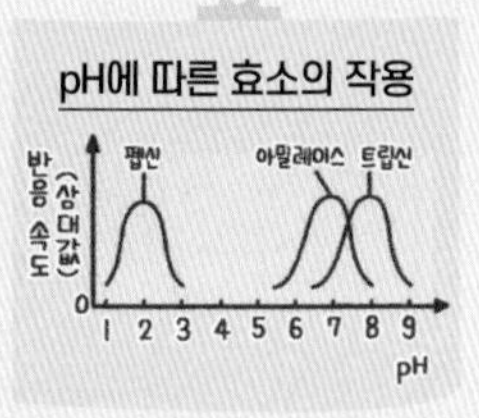

*촉매(觸 닿을 촉 媒 중매 매) : 자신은 변하지 않고 다른 물질의 화학 반응을 빠르거나 느리게 하는 물질

*pH : 화학에서 어떤 물질의 산과 염기의 강도를 나타내며, pH 7인 중성을 기준으로 낮으면 산성, 높으면 염기성이라고 함

108

기질 基 質

근본 기 바탕 질

특정 효소와 반응할 수 있는 물질

기질은 생명체 내에서 특정 효소와 만나 반응하는 물질입니다. 한 종류의 효소가 특정한 한 종류의 기질에만 작용하는 것을 '기질 특이성'이라고 하며, 효소와 기질이 결합하면 기질로부터 새로운 물질이 만들어지게 되죠.
앞에서 배운 내용인 소화 효소를 예로 들어 볼까요? 아밀레이스는 기질인 녹말과 반응하여 녹말을 엿당으로 분해할 수 있지만, 지방이나 단백질은 아밀레이스의 기질이 아니기 때문에 반응이 일어나지 않아 분해할 수 없답니다.

기질 특이성

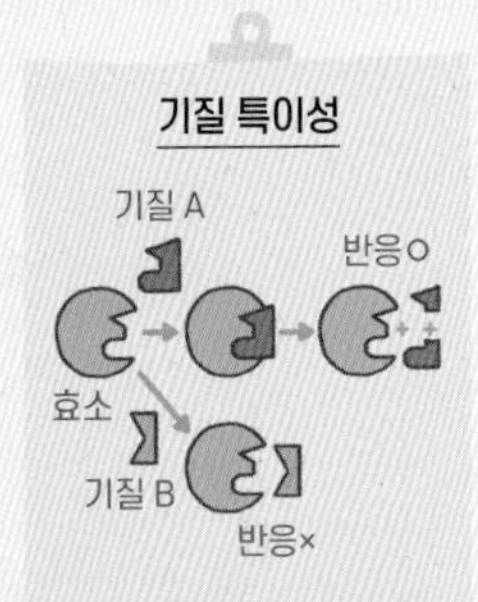

효소는 기질 A와 반응하여 새로운 물질을 만들어 낸다.

정리 좀 해볼게요

정답은? ❶ 효소, 기질

한 종류의 효소는 우리 몸 안에서 그 효소와 딱 맞는 특정한 한 종류의 기질과 만나 반응을 해요. 이를 '기질 특이성'이라고 하죠. 자물쇠에 있는 열쇠 구멍의 모양과 꼭 맞는 열쇠를 넣어야만 자물쇠를 열 수 있는 것은 기질 특이성에 비유할 수 있답니다.

핵심은?

효소	기질
• 생명체 내에서 일어나는 화학 반응을 빠르게 하는 물질 • 온도와 pH에 영향을 받음	• 특정 효소와 만나 반응하는 물질 • 한 종류의 효소가 한 종류의 기질에만 작용하는 것을 '기질 특이성'이라고 함 • 효소와 기질이 결합하면 새로운 물질이 만들어짐

"주성분이 단백질인 효소.
그래서 자신에게 적합한 온도, pH, 기질이 있어야 한다는 것!
효소가 없으면 우리 몸에서 여러 가지 반응들이 일어나기 어려워지기 때문에
효소는 엄청 중요한 물질이라는 사실도 함께 알아 두자!"

포도당이 들어가야 할 문은 어느 쪽일까요?

난이도 ★★☆

Q 소장의 융털에서 포도당을 만난 풍미니. 그들 앞에 '모세 혈관' 문과 '암죽관' 문이 있습니다. 과연 포도당은 어느 문으로 들어가야 할까요?

단서

- 모세 혈관과 암죽관을 통해 흡수되는 영양소의 종류는 다르다.
- 포도당은 소화 효소에 의해 작게 분해된 영양소로 물에 잘 녹는다.

❶ 모세 혈관 ❷ 암죽관

모세 혈관 毛 털 모 細 가늘 세 血 피 혈 管 대롱 관 109

동맥과 정맥을 이어주는 털과 같이 가느다란 혈관

모세 혈관은 적혈구 몇 개가 겨우 지나갈 수 있을 정도로 가는 혈관입니다. 온몸에 그물처럼 퍼져 있어서 총 단면적물체를 평면으로 잘랐을 때 그 단면의 넓이이 넓고, 혈관을 따라 흐르는 혈액의 속도가 매우 느려요. 그래서 혈액과 조직 세포 사이에 영양소와 노폐물, 산소와 이산화 탄소 등의 물질 교환이 일어난답니다. 특히 효소에 의해 소화가 끝나면 각종 영양소가 분해되어 소장의 융털을 통해 흡수되는데요. 융털은 소장 안쪽 주름의 점막에 존재하는 돌기랍니다. 이 융털 내부에도 모세 혈관이 있는데, 이 곳에서는 다양한 영양소 중에서도 포도당이나 아미노산과 같은 물에 잘 녹는 영양소들이 흡수되지요.

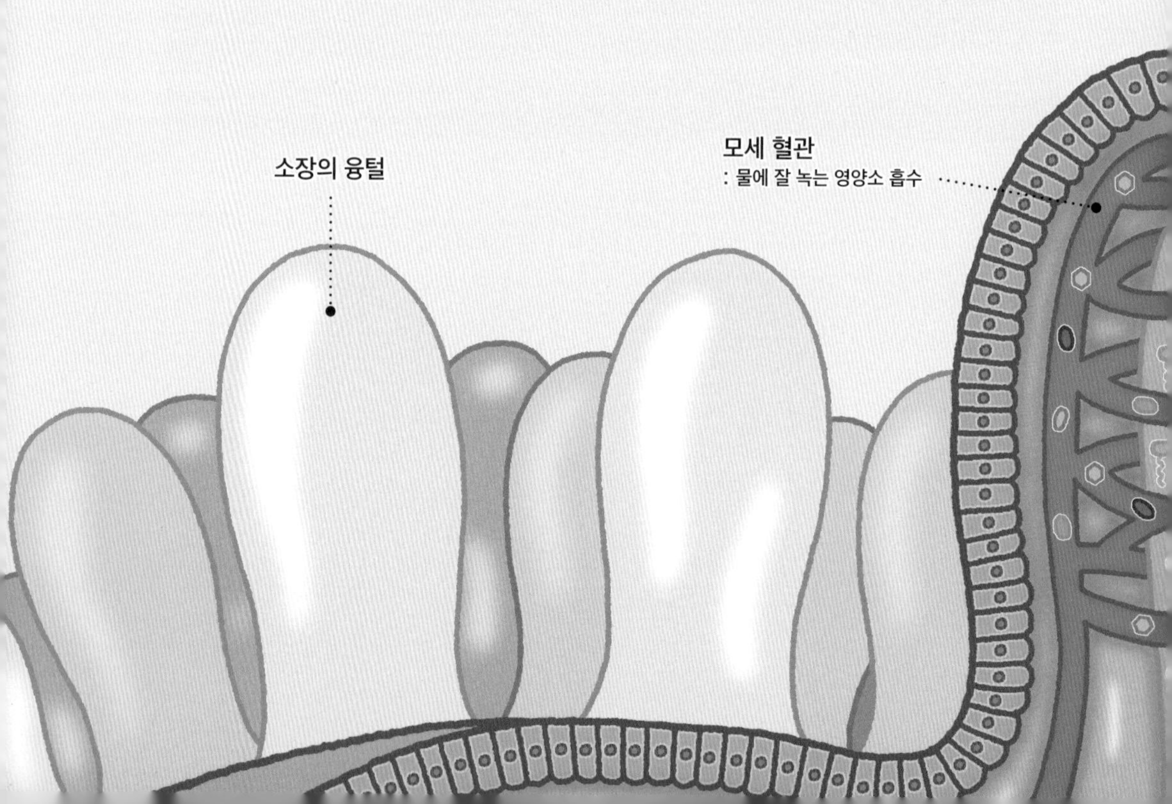

암죽관

암 粥 管
미음 죽 대롱 관

110

소장의 융털 속에 있는 림프관

암죽관은 소장의 융털 속 가운데에 있는 림프관*이에요. 이 암죽관을 모세 혈관이 둘러싸고 있죠. 암죽관도 융털에 있는 모세 혈관과 같이 소화된 영양소를 흡수하는 역할을 합니다. 하지만 물에 잘 녹는 영양소를 흡수하는 모세 혈관과 달리 암죽관에서는 지방산이나 모노글리세리드와 같이 물에 잘 녹지 않는 영양소들이 흡수되죠.
암죽관이라는 이름도 소화된 지방이 흡수되어서 가득 차 있는 관이라는 뜻이랍니다.

*림프관 : 조직과 조직을 연결하는 림프액이 들어 있는 관

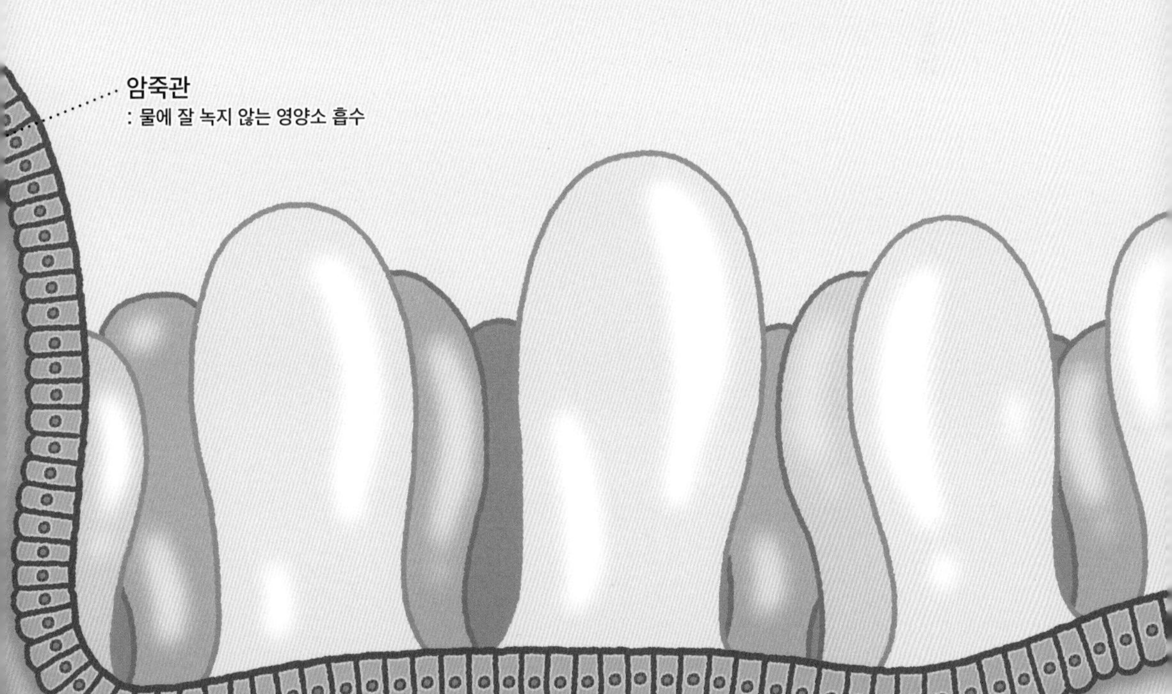

정리 좀 해볼게요

정답은? ❶ 모세 혈관

소화된 영양소 중에서 물에 잘 녹는 영양소는 모세 혈관을 통해 흡수되고, 물에 잘 녹지 않는 영양소는 암죽관을 통해 흡수된답니다. 포도당은 물에 잘 녹는 영양소이기 때문에 모세 혈관으로 흡수돼요.

핵심은?

모세 혈관	암죽관
• 동맥과 정맥을 이어주는 가느다란 혈관 • 영양소와 노폐물, 산소와 이산화 탄소 등의 물질이 교환됨 • 온몸에 그물처럼 퍼져 있음 • 물에 잘 녹는 영양소(포도당, 아미노산 등)를 흡수함	• 소장의 융털 속에 있는 림프관 • 물에 잘 녹지 않는 영양소(지방산, 모노글리세리드 등)를 흡수함

> 털처럼 매우 가는 혈관인 모세 혈관!
> 모세 혈관은 우리 몸 구석구석에 분포되어 있어 우리 몸의 모든 세포에
> 산소와 영양소를 공급해 주지! 모세 혈관으로는 물에 잘 녹는 영양소가 흡수되고,
> 이름처럼 지방이 가득 찬 암죽관으로는 물에 잘 녹지 않는 영양소가 흡수돼!

풍슬이와 풍마니는 어느 전시실로 가야 할까요?

난이도 ★★★

Q 풍슬이와 풍마니는 VR 인체 탐험을 하고 있습니다. '사람의 혈액이 빨간색인 까닭'을 알아내기 위해서 풍슬이와 풍마니가 관람해야 하는 전시실은 어디일까요?

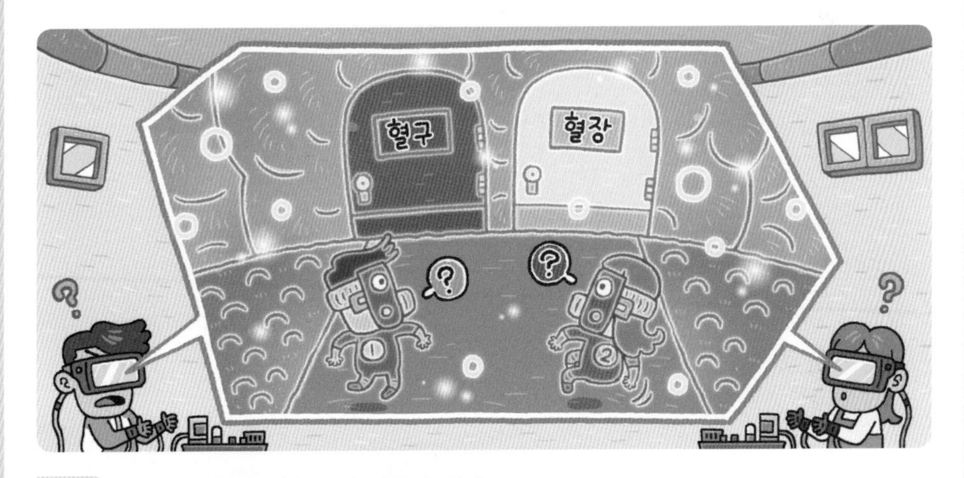

단서
- 혈액은 혈장과 혈구로 분리할 수 있다.
- 혈구의 대부분은 적혈구로 이루어져 있다.
- 혈장의 90% 이상은 물로 이루어져 있다.

❶ 혈구 ❷ 혈장

혈구 血 球

피 혈 공 구

111

혈액(피) 속에 포함된 세포 성분

혈액을 분리하면 위층은 투명하고 노란색의 액체인 혈장, 아래층은 고체인 혈구로 나뉩니다. 혈구는 혈액의 약 45%를 차지하는 세포 성분으로, 모양과 기능에 따라 적혈구, 백혈구, 혈소판으로 구분할 수 있어요.

혈구의 대부분을 차지하는 적혈구는 핵이 없고 가운데가 오목한 원반 모양의 납작한 세포입니다. 적혈구에는 헤모글로빈이라는 붉은 색소가 있어서 붉게 보이죠. 헤모글로빈은 산소와 결합하기 때문에 다른 조직 세포에 산소를 공급하는 역할을 한답니다.

백혈구는 적혈구보다 수가 적지만 크기가 크고, 모양이 불규칙하며 핵이 있어요. 백혈구의 주된 역할은 외부에서 몸속으로 들어오는 세균을 잡아먹는 식균 작용으로, 백혈구에 핵이 존재하는 까닭도 이 식균 작용 때문이죠.

혈소판은 혈구 중 크기가 가장 작고, 모양이 일정하지 않으며 핵도 없죠. 또 몸에 상처가 났을 때 상처 부위의 혈액을 응고시켜 출혈을 멈추게 한답니다.

혈장 血漿

112

血 피 혈 漿 즙 장

혈액(피)에서 혈구를 제외한 나머지 성분

혈장은 혈액에서 혈구를 제외한 나머지 액체 성분을 말하며, 혈액의 약 55% 정도를 차지합니다. 혈장의 90% 이상은 물로 이루어져 있고, 단백질과 같은 영양소를 비롯한 여러 가지 성분을 포함하고 있어요. 이 성분들은 혈장을 따라 온몸의 세포들로 이동돼요. 또 온몸을 돌아다니면서 세포에서 생긴 이산화 탄소와 노폐물도 받아서 운반하는 역할을 한답니다.

정리 좀 해볼게요

정답은? ❶ 혈구

사람의 혈액이 빨간색인 까닭은 혈액 속에 붉은색의 적혈구가 있기 때문이에요. 적혈구는 혈구 중에 수가 가장 많고, 핵이 없으며 가운데가 오목하게 들어간 원반 모양의 세포이죠. 따라서 풍슬이와 풍마니는 혈구 전시실로 들어가야 해요.

핵심은?

혈구	혈장
• 혈액을 분리했을 때 아래층에 가라앉은 고체 성분 • 혈액의 약 45% 차지 • 적혈구, 백혈구, 혈소판으로 구성	• 혈액을 분리했을 때 위층에 있는 투명한 노란색의 액체 성분 • 혈액의 약 55% 차지 • 90% 이상이 물로 구성

"혈구는 고체 상태의 세포 성분으로
적혈구는 산소 운반, 백혈구는 식균 작용, 혈소판은 혈액 응고의 역할을 해.
액체 상태의 성분인 혈장은 90% 이상이 물로 이루어져 있어서
물질들을 잘 용해시키고, 물질을 운반하는 아주 중요한 역할을 담당하지!"

산소를 받은 혈액은 심장의 어디로 이동할까요?

난이도 ★★☆

Q 열심히 달리기를 하는 장풍쌤. 달리기를 하면 부족한 산소를 보충하기 위해 숨을 자주 쉬게 되고, 혈액을 공급하기 위해 심장 박동이 빨라지는데요. 산소를 받은 장풍쌤의 혈액은 심장 안에서 어디로 이동해야 할까요?

단서
- 사람의 심장은 2심방 2심실로 구성되어 있다.
- 심방으로 피가 들어오고, 심실에서 피를 내보낸다.

❶ 좌심방 → 좌심실 ❷ 우심방 → 우심실

심방 心 房

마음 심 방 방

113

심장에 있는 네 개의 방 중 위쪽에 있는 좌우 두 개

사람의 심장은 네 개의 방으로 나누어져 있는데, 이 중 위쪽에서 심장으로 들어오는 혈액이 모이는 두 개의 방을 심방이라고 해요. 우리가 서있을 때 왼손 쪽에 있는 심방을 좌심방, 오른손 쪽에 있는 심방을 우심방이라고 하지요.

좌심방은 폐에서 산소를 받은 혈액이 들어오는 곳이고, 우심방은 온몸으로부터 노폐물과 이산화 탄소를 받은 혈액이 들어오는 곳을 말해요.

심실 心 室

마음 심 집 실

114

심장에 있는 네 개의 방 중 아래쪽에 있는 좌우 두 개

사람의 심장에서 네 개의 방 중 아래쪽에 있으며, 심방에서 혈액을 받아 심장 밖으로 혈액을 내보내는 두 개의 방을 심실이라고 해요. 우리가 서있을 때 왼손 쪽에 있는 심실을 좌심실, 오른손 쪽에 있는 심실을 우심실이라고 하지요. 좌심실은 좌심방에서 받은 혈액을 온몸으로 내보내는 곳이고, 우심실은 우심방에서 받은 혈액을 폐로 내보내는 곳입니다. 심실은 혈액을 짜내서 심장 밖으로 내보내야 하기 때문에 심방보다 근육 조직이 더 발달해 있어요. 또 온몸으로 혈액을 내보내야 하는 좌심실이 우심실보다 더 두껍고 큰 근육 조직을 가지고 있습니다.

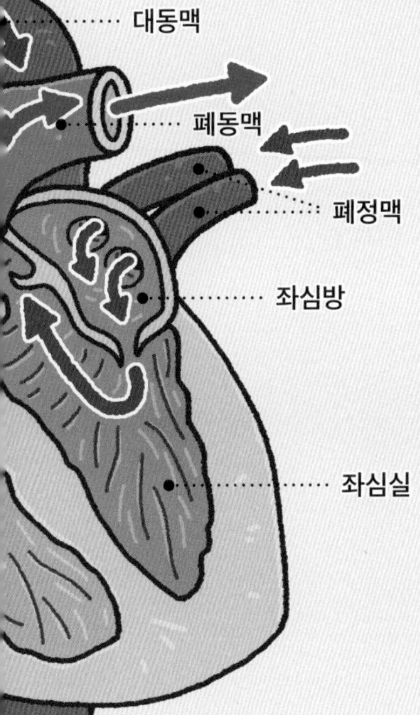

정리 좀 해볼게요

정답은? ❶ 좌심방 → 좌심실

우심방은 온몸을 돌고 온 혈액을 받고, 좌심방은 폐에서 들어오는 혈액을 받지요. 폐에서 들어온 산소를 품은 혈액은 좌심방으로 들어와서 좌심실을 거쳐 온몸으로 퍼진답니다.

핵심은?

심방	심실
• 심장으로 들어오는 혈액이 모이는 곳 • 심장의 위쪽에 위치함 • 좌심방, 우심방	• 심장에서 혈액을 내보내는 곳 • 심장의 아래쪽에 위치함 • 좌심실, 우심실

“심방은 정맥을 통해 혈액이 들어오는 곳,
심실은 동맥을 통해 혈액을 내보내는 곳을 말해~
온몸을 순환하는 체순환(대순환)은 좌심실 → 대동맥 → 모세 혈관 → 대정맥 → 우심방으로,
폐순환은 우심실 → 폐동맥 → 폐 → 폐정맥 → 좌심방으로
순환을 한다는 것까지 기억하자!”

좌심실에서 나온 장풍쌤은 누구를 따라가야 할까요?

난이도 ★★☆

Q 달리기를 막 끝낸 장풍쌤의 심장이 계속 빠르게 뛰고 있어요. 좌심실에서 산소를 업고 출발한 장풍쌤의 혈액을 맞아 주는 동맥과 정맥. 과연 장풍쌤은 누구를 따라가야 할까요?

단서
- 혈액이 흐르는 데 중심 역할을 하는 심장은 정맥과 동맥이 연결되어 있다.
- 각 혈관은 심방과 심실에 연결되어 있다.

❶ 동맥　　❷ 정맥

동맥 動 脈

움직일 동 혈관 맥

115

심장에서 나오는 혈액을 운반하는 혈관

동맥은 심장에서 나오는 혈액을 운반하는 혈관으로, 주로 몸의 깊숙한 곳에 위치합니다. 심장에서 나와 폐로 혈액을 운반하는 동맥을 폐동맥이라고 하고, 심장에서 나와 온몸으로 혈액을 운반하는 동맥을 대동맥이라고 합니다. 동맥은 심장의 수축에 의해 세게 분출되는 혈액을 운반해야 하기 때문에 혈관 벽이 두껍고 탄력이 크죠.

혈관을 따라 흐르는 혈액이 혈관 벽에 미치는 압력을 혈압이라고 해요. 심장에서 동맥으로 혈액이 세게 분출되기 때문에 동맥은 혈압이 높습니다. 또 심장에서 동맥으로 혈액이 나올 때와 나오지 않을 때 혈관 벽을 두드리는 힘이 변하면서 맥박*이 나타나요. 손목의 안쪽이나 목 부분을 잘 만져보면 맥박이 뛰는 것을 느낄 수 있답니다.

***맥박**(脈 맥박 맥 搏 두드릴 박) : **심장 박동으로 인해 생기는 주기적인 파동**

정맥 靜 脈

고요할 정 혈관 맥

116

심장으로 들어오는 혈액을 운반하는 혈관

정맥은 심장으로 들어오는 혈액을 운반하는 혈관으로, 동맥에 비해 몸의 표면 쪽에 위치해 있습니다. 폐에서 심장으로 혈액을 운반하는 정맥을 폐정맥이라고 하고, 온몸에서 심장으로 혈액을 운반하는 정맥을 대정맥이라고 해요. 정맥은 심장으로부터 나온 혈액이 여러 기관을 돌고 돌아 다시 심장으로 들어가는 통로이기 때문에 동맥에 비해 혈관 벽이 비교적 얇고 탄력이 작아요. 또한 혈압이 낮고 혈액이 흐르는 속도도 느리답니다.
정맥이 흐르는 혈액은 심장의 수축에 의한 영향을 거의 받지 않고 주변 근육이 움직이면서 쥐어짜는 힘으로 밀려 나가기 때문에 혈액이 역류흐름을 거슬러 올라감할 수 있어요. 하지만 동맥과 달리 정맥에는 혈액이 거꾸로 흐르는 것을 막아주는 판막이 존재하기 때문에 혈액이 무사히 한 방향으로 흘러 심장으로 들어올 수 있답니다.

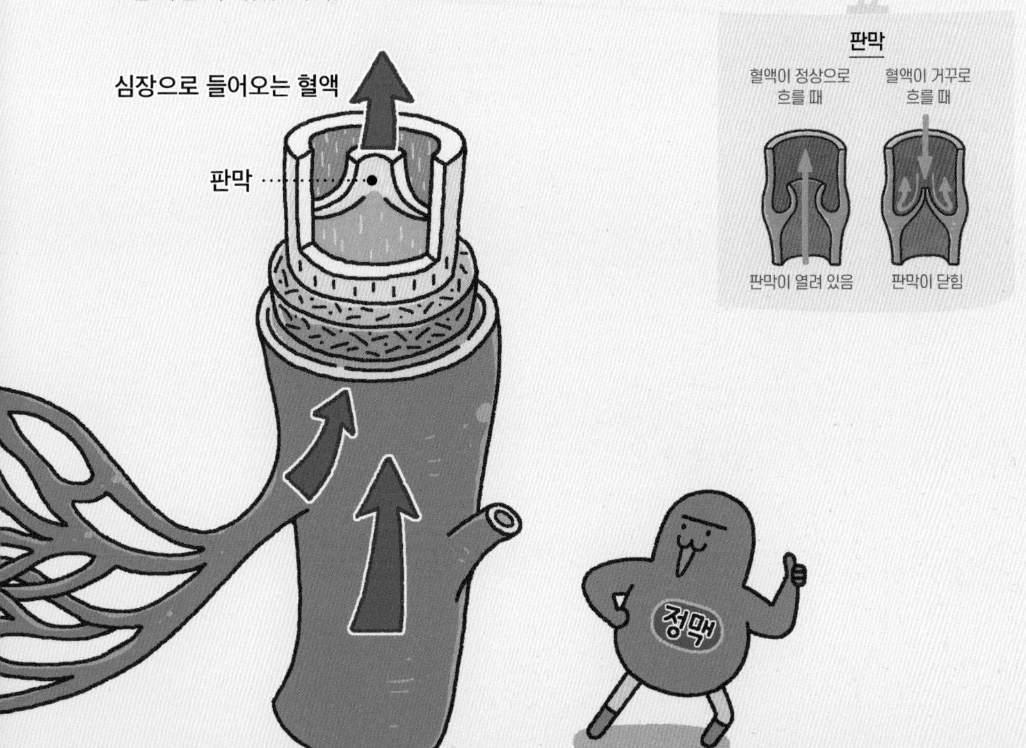

정리 좀 해볼게요

정답은? ❶ 동맥

동맥은 심실과 연결되어 심장에서 나가는 혈액이, 정맥은 심방과 연결되어 심장으로 들어오는 혈액이 흐릅니다. 좌심실에 연결된 대동맥에는 방금 폐에서 산소를 가득 받아 온 혈액이 흐르는데, 이 혈액이 모세 혈관을 타고 흐르며 온몸에 산소를 공급하는 거예요.

핵심은?

동맥	정맥
• 심장에서 나오는 혈액을 운반하는 혈관 • 몸의 깊숙한 곳에 위치함 • 혈관 벽이 두껍고 탄력이 큼 • 혈압이 가장 높음	• 심장으로 들어오는 혈액을 운반하는 혈관 • 몸의 표면 쪽에 위치함 • 혈관 벽이 얇고 탄력이 작음 • 혈압이 가장 낮음 • 혈액의 역류를 막기 위한 판막이 있음

"심장에서 나오는 혈액을 운반하는 동맥,
심장으로 들어오는 혈액을 운반하는 정맥, 그리고 그 사이를 연결해주는 모세 혈관!
동맥은 심장에서 나가는 혈압을 견뎌야 하기 때문에 탄력이 크고,
정맥은 혈액이 거꾸로 흐르는 것을 막는 판막이 존재해!"

풍슬이와 풍마니 중 옳게 말한 사람은 누구일까요?

난이도 ★★☆

Q 혈관 탐험대가 되어 폐정맥을 탐험 중인 풍's 패밀리. 풍슬이가 "폐에서 나왔으니 동맥혈이 흐르겠네요."라고 말하자, 풍마니는 "폐정맥이니까 정맥혈이 흐르는 거지!"라며 반박했어요. 폐정맥에 흐르는 혈액에 대해 옳게 말한 사람은 누구일까요?

단서

- 폐에서 심장으로 혈액이 들어오는 혈관을 폐정맥이라고 한다.
- 혈액의 이름은 혈관에 따라 붙이는 것이 아니다.
- 혈액의 이름은 포함하고 있는 산소의 양과 관련이 있다.

❶ 풍슬이 ❷ 풍마니

정맥혈 靜 고요할 정 脈 맥박 맥 血 피 혈

117

대정맥과 폐동맥을 흐르고 산소 함유량이 적은 암적색 혈액

정맥혈은 산소를 적게 포함하고 이산화 탄소를 많이 포함하고 있는 혈액으로, 암적색을 띠며 대정맥과 폐동맥을 흐르고 있죠. 모세 혈관에서 조직 세포로 산소를 전달해 주고 이산화 탄소를 받으면 동맥혈이 정맥혈로 바뀌어 대정맥을 따라 심장으로 이동합니다. 이후 심장의 우심방, 우심실을 거쳐 폐동맥을 따라 폐로 이동하여 폐포*를 통해 몸 밖으로 이산화 탄소 및 각종 노폐물을 배출하죠. 정맥혈이라고 해서 정맥에서만 흐르는 혈액이 아니라 폐동맥에서도 정맥혈이 흐른답니다.

***폐포**(肺 허파 폐 胞 세포 포) : 폐 안에서 가스 교환이 이루어지는 기관

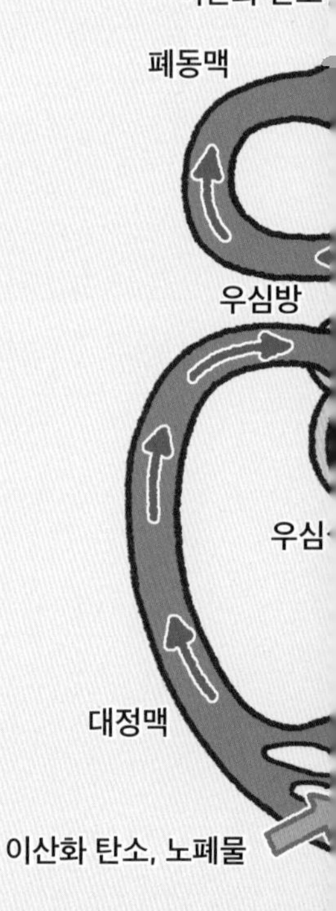

118

동맥혈

動	脈	血
움직일 동	맥박 맥	피 혈

대동맥과 폐정맥을 흐르고 산소 함유량이 많은 선홍색 혈액

동맥혈은 산소를 많이 포함하고 이산화 탄소를 적게 포함하고 있는 혈액으로, 선홍색을 띠며 폐정맥과 대동맥을 흐르고 있습니다. 폐의 폐포에서 산소를 받은 동맥혈은 폐정맥을 따라 심장으로 이동하죠. 이후 심장의 좌심방과 좌심실을 거쳐 대동맥을 따라 온몸으로 이동하며, 모세 혈관에서 산소를 조직 세포에 전달해 줍니다. 이처럼 동맥혈이라고 해서 꼭 동맥에서만 흐르는 혈액이 아니고, 폐정맥에서도 동맥혈이 흐른답니다.

산소

폐정맥

심실

대동맥

산소, 영양소

산소의 양이 많고
이산화 탄소의 양은 적어!
동맥혈

정리 좀 해볼게요

정답은? ❶ 풍슬이

폐동맥에는 정맥혈이 흐르고 폐정맥에는 동맥혈이 흐릅니다. 혈관의 이름이 동맥이라고 해서 반드시 동맥혈이 흐른다고 생각하면 안 되겠죠?

핵심은?

정맥혈	동맥혈
• 대정맥과 폐동맥을 흐르는 혈액 • 산소를 적게 포함하고 이산화 탄소를 많이 포함 • 탁한 암적색	• 대동맥과 폐정맥을 흐르는 혈액 • 산소를 많이 포함하고 이산화 탄소를 적게 포함 • 맑은 선홍색

> 정맥에서는 정맥혈, 동맥에서는 동맥혈이 무조건 흐른다고 생각하면 안 돼! 산소를 적게 포함한 정맥혈이 흐르는 곳은 대정맥, 우심방, 우심실, 폐동맥, 산소를 많이 포함한 동맥혈이 흐르는 곳은 폐정맥, 좌심방, 좌심실, 대동맥이라는 것! 구분해서 알아 두자.

풍미니는 병원에 가야 할까요?

난이도 ★☆☆

Q 유치원에 간 풍미니가 풍마니에게 영상 통화를 걸었어요. 풍미니가 밥을 많이 먹어서 숨 쉬기가 힘들다고 말하자 풍마니가 병원에 가라고 답했어요. 풍미니는 병원에 가야 할까요?

단서

- 호흡은 폐에 공기가 들어갔다 나가며 이루어진다.
- 숨을 쉴 때는 폐의 부피가 커졌다 작아진다.
- 폐 아래에는 위가 있다.

❶ 병원에 가야 한다.

❷ 잠시 쉬면 괜찮아진다.

들숨

119

공기가 폐로 들어오는 것

호흡은 생활에 필요한 에너지를 얻기 위해 숨을 들이쉬어 산소를 받아들이고, 숨을 내뱉으며 이산화 탄소를 밖으로 배출하는 과정을 말합니다. 코, 입, 기관, 기관지, 폐(허파)가 호흡을 담당하는 호흡 기관이지요.

들숨은 '흡기*'라고도 하며, 숨을 들이마셔 공기가 폐로 들어오는 현상입니다. 외부의 공기가 폐로 들어오기 위해서는 폐의 부피가 커지면서 폐 속의 압력이 외부보다 낮아져야 해요. 하지만 폐는 근육이 없어서 스스로 움직일 수 없습니다. 그래서 폐의 부피는 폐를 둘러싸고 있는 가로막(횡격막*)과 갈비뼈의 운동에 의해 변한답니다. 갈비뼈가 올라가고, 가로막이 내려가면 흉강*의 부피가 커져서 폐의 압력이 대기압보다 작아지고 외부의 공기가 폐로 들어옵니다.

폐 내부의 압력 < 대기압

*흡기(吸 마실 흡 氣 공기 기) : 숨을 들이쉬는 것

*횡격막(橫 가로 횡 隔 사이 뜰 격 膜 꺼풀 막) : 가슴과 배를 나누는 근육으로 된 막

*흉강(胸 가슴 흉 腔 빌 강) : 가로막과 갈비뼈로 둘러싸여 있는 가슴 속 공간으로, 그 속에 폐가 있음

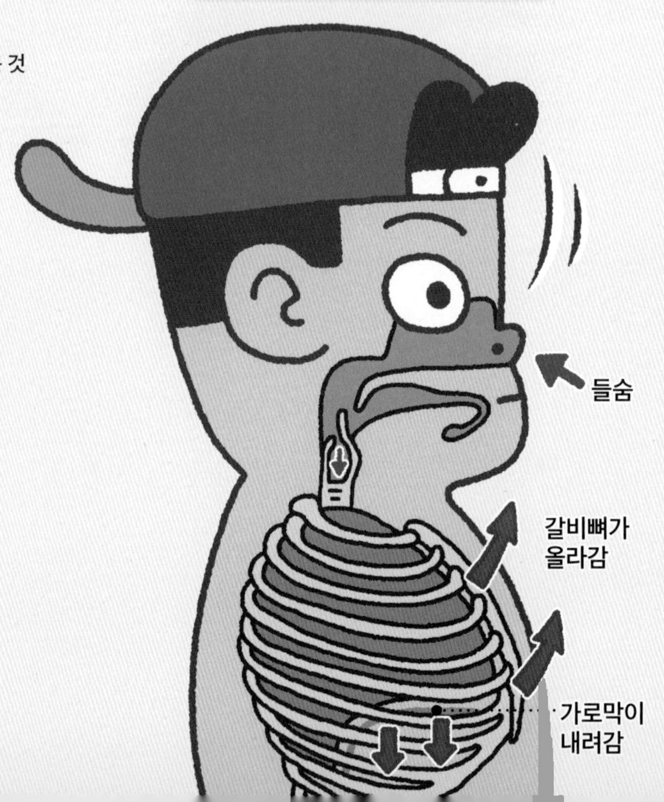

120

날숨

공기가 폐에서 나가는 것

숨을 내쉬어 폐에서 공기가 나가는 현상을 날숨이라고 하며 '호기*'라고도 합니다. 날숨도 들숨과 마찬가지로 가로막과 갈비뼈의 운동에 의해 폐의 부피가 변하면서 일어나게 됩니다.
갈비뼈가 내려가고, 가로막이 올라가면 흉강의 부피가 작아져서 폐의 부피가 작아져요. 이때 폐 내부의 압력이 대기압보다 커져 폐에 있던 공기가 밖으로 나가는 것이죠. 날숨을 통해 생물체 내에서 생명 활동에 의해 발생한 이산화 탄소와 같은 노폐물들이 외부로 빠져나가게 된답니다.

*호기(呼 내쉴 호 氣 공기 기) : 숨을 내쉬는 것

폐 내부의 압력 > 대기압

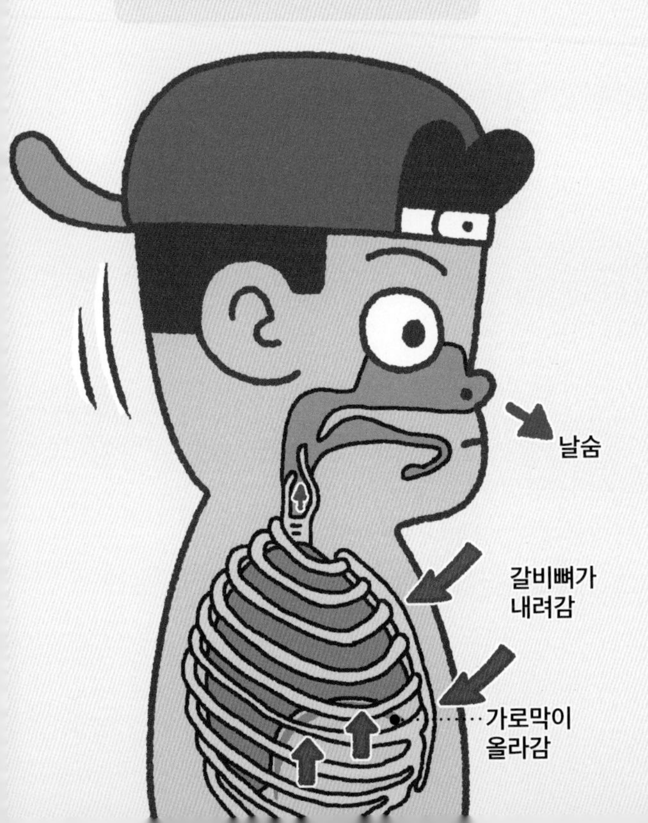

정리 좀 해볼게요

정답은? ❷ 잠시 쉬면 괜찮아진다.

음식을 많이 먹어 위가 꽉 차면 숨을 쉬기가 어려워져요. 숨을 쉴 때 움직이는 가로막 아래에는 위가 있는데, 위가 가득 차면 가로막이 충분히 늘어날 수 없기 때문에 숨 쉬기가 힘들어지는 것이죠.

핵심은?

들숨	날숨
• 숨을 들이쉬는 것 • 갈비뼈는 위로 올라가고, 가로막은 아래로 내려감 • 흉강의 부피가 커짐 • 폐로 공기가 들어옴	• 숨을 내쉬는 것 • 갈비뼈는 아래로 내려가고, 가로막은 위로 올라감 • 흉강의 부피가 작아짐 • 폐에서 공기가 나감

“숨을 흡! 하고 들이마시면 들숨! 숨을 호~하고 내쉬면 날숨!
폐는 근육이 없어서 갈비뼈와 가로막의 운동으로 호흡이 일어나.
그리고 보일 법칙에 의한 압력과 부피의 반비례를 이용하여
공기가 들어오고 나간다는 것도 생각해 보자!”

제1대 '믹스왕'은 누구일까요?

난이도 ★★☆

Q 장풍배 제1회 '믹스왕' 선발 대회가 열렸습니다. 무엇이든 가라앉는 물질 없이 고르게 잘 섞으면 믹스왕이 될 수 있는데요. 풍마니는 그릇에 생수와 설탕을 섞고, 풍슬이는 믹서기에 바나나와 우유를 섞었습니다. 과연 제1대 '믹스왕'은 누가 될까요?

단서
- 고르게 섞인 물질은 밑에 가라앉는 물질이 없다.
- 믹스왕이 되려면 균일 혼합물을 만들어야 한다.

❶ 풍마니 ❷ 풍슬이

균일 혼합물

均 고를 균 一 한 일

121

두 가지 이상의 순수한 물질이 고르게 섞여 이루어진 혼합물

우리 주변의 물질은 순물질과 혼합물로 나눌 수 있습니다. 순물질은 물, 설탕, 순금 등과 같이 다른 물질이 섞이지 않고 한 종류의 물질로만 이루어진 물질이고, 혼합물은 바닷물, 우유, 암석 등과 같이 두 종류 이상의 순물질이 섞여 있는 물질이죠.

혼합물은 물질이 섞인 상태에 따라서 다시 균일 혼합물과 불균일 혼합물로 나눌 수 있습니다. 균일 혼합물은 성분 물질이 고르게 섞여 있는 혼합물이죠. 그래서 균일 혼합물은 어느 부분을 보더라도 동일한 성질을 나타내요. 또 액체 상태일 경우에는 오랫동안 가만히 두어도 가라앉는 물질이 없고 투명하답니다. 균일 혼합물에는 공기, 설탕물, 합금 등이 있어요.

불균일 혼합물

不 아닐 불 均 고를 균 一 한 일

122

두 가지 이상의 순수한 물질이 고르게 섞여 있지 않은 혼합물

불균일 혼합물은 성분 물질이 각각의 성질을 지닌 채로 고르게 섞여 있지 않은 혼합물입니다. 따라서 혼합물의 부분마다 성질이 다르게 나타날 수 있죠. 불균일 혼합물은 균일 혼합물과는 다르게 섞은 후 오랫동안 가만히 두면 아래로 가라앉는 물질이 생기는 것을 볼 수 있어요. 이는 입자가 서로 잘 어우러지지 않고 뒤죽박죽으로 섞여 있다가 무거운 물질이 점점 아래로 가라앉기 때문이랍니다. 불균일 혼합물에는 흙탕물, 우유, 생과일주스 등이 있습니다.

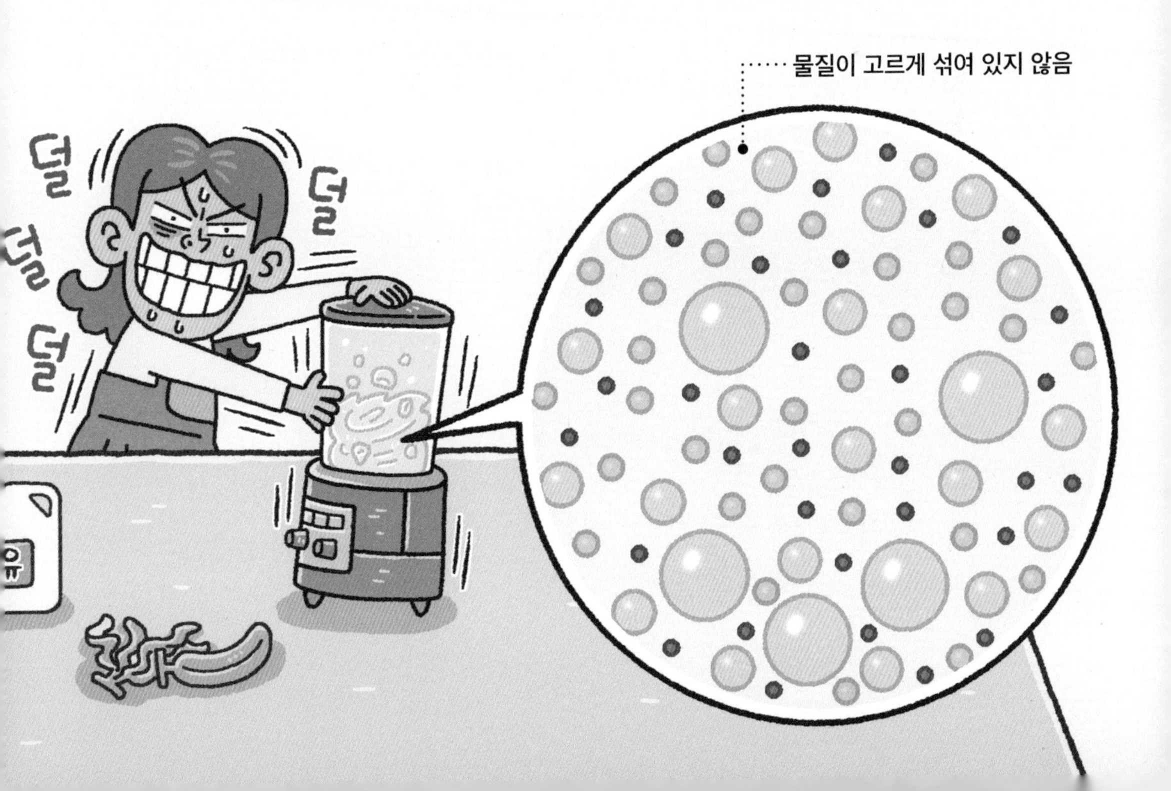

정리 좀 해볼게요

정답은? ❶ 풍마니

설탕물은 오랫동안 가만히 두어도 가라앉는 물질이 없지만, 생과일주스는 오랫동안 가만히 두면 바닥에 물질이 가라앉는 것을 볼 수 있어요. 따라서 무엇이든 가라앉는 물질이 없이 고르게 섞은 제1대 믹스왕은 풍마니랍니다.

핵심은?

균일 혼합물	불균일 혼합물
• 물질이 고르게 섞여 있는 혼합물 • 오랫동안 가만히 두어도 아래로 가라앉는 물질이 없음 • 혼합물 전체에서 동일한 성질이 나타남	• 물질이 고르게 섞여 있지 않은 혼합물 • 오랫동안 가만히 두면 아래로 가라앉는 물질이 생김 • 혼합물 부분마다 성질이 다르게 나타날 수 있음

> 두 가지 이상의 순물질이 골고루 섞여 있는 균일 혼합물, 골고루 섞여 있지 않은 불균일 혼합물!
> 균일 혼합물은 액체 상태일 경우 가만히 두어도 가라앉는 물질이 없지만,
> 불균일 혼합물은 무거운 물질이 아래로 가라앉는다는 것을 알아 두자!

풍마니의 티셔츠는 내일까지 잘 마를까요?

난이도 ★☆☆

Q 풍마니는 내일 꼭 입어야 하는 아끼는 티셔츠를 빨아서 건조대에 널고 있습니다. 일기예보에서는 내일까지의 강수량이 20~60mm라고 나오고 있네요. 과연 풍마니의 티셔츠는 내일까지 마를 수 있을까요?

단서
- 일기예보를 주의 깊게 보자.
- 티셔츠의 물이 모두 증발되어야 티셔츠가 마른다.
- 공기가 건조해야 증발이 잘 일어난다.

❶ 마른다. ❷ 마르지 않는다.

강수량 降 水 量

내릴 강 물 수 헤아릴 량

123

비, 눈, 우박 등 하늘에서 땅으로 떨어지는 모든 물의 전체 양

강수는 비, 눈, 우박 등 하늘에서 지표면으로 떨어지는 모든 물을 말합니다. 그 양을 강수량이라고 하죠. 강수 중 순수하게 비로 내린 양을 '강우량'이라고 하며, 순수하게 눈으로 내린 양은 '강설량'이라고 합니다.

강수량은 일정 시간 동안 우량계*에 모인 물의 양 중 증발되거나 유출밖으로 흘러 나가거나 흘려 보냄되지 않은 물의 높이를 측정하면 된답니다. 모인 물의 높이는 mm의 단위를 사용해 나타내죠. 눈이 쌓인 양은 '적설량'이라고 표현하고, 지면을 기준으로 수직으로 쌓인 눈의 높이를 cm의 단위를 사용해 나타냅니다.

하루 종일 비가 내려 강수량이 많은 날에는 공기 중에 수증기가 많기 때문에 증발이 잘 일어나지 않는답니다.

*우량계(雨 비 우 量 헤아릴 량 計 셀 계) : 일정한 장소에서 일정한 시간 동안 내리는 비의 양을 측정하는 기구

우량계에 모인 빗물의 높이를 알아보자구!
우량계

증발량 蒸 發 量

124

데울 증 일어날 발 헤아릴 량

물의 표면에서 물이 수증기로 변한 양

액체 상태의 물이 기체 상태의 수증기로 변하는 과정을 '기화'라고 하죠? 그리고 이때 물 표면에서 일어나는 기화를 '증발'이라고 한다는 것도 1권에서 배웠고요. 일정한 시간 동안 지표면이나 수면에서 증발이 일어나 수증기로 변한 물의 양을 증발량이라고 합니다. '증발량'은 강수량과 같이 mm의 단위를 사용해 나타내고, 시간은 1시간 또는 1일을 기준으로 측정합니다.

만약 기온이 높고 바람이 많이 부는 날이라면 공기 중에 수증기가 적어서 증발량이 많아진답니다.

정리 좀 해볼게요

정답은? ❷ 마르지 않는다.

일기예보에서 내일까지 강수량이 20~60mm가 예상된다고 했죠? 이처럼 하루 종일 비가 내려 공기 중에 수증기가 많아지면, 증발이 잘 일어나지 않아서 빨래가 마르지 않을 거예요. 풍마니의 티셔츠는 마르지 않겠네요.

핵심은?

강수량	증발량
• 하늘에서 땅으로 떨어지는 강수의 양 • 강수량이 많으면 공기 중에 수증기가 많아서 증발이 잘 일어나지 않음	• 증발이 일어나 수증기로 변한 물의 양 • 강수량이 적으면 공기 중에 수증기가 적어서 증발이 잘 일어남

"강수량은 하늘에서 땅으로 떨어지는 모든 물~, 증발량은 물의 표면에서 물이 수증기로 변한 양이야. 강수량이 많은 날에는 증발이 잘 일어나지 않고, 기온이 높고 바람이 많이 부는 날에는 증발량이 많아지지! 빨래를 잘 말릴 수 있는 날이 언제인지 생각해 보자~"

편지를 넣은 유리병은 어디로 흘러갈까요?

난이도 ★★☆

Q 풍식이는 작은 유리병에 편지를 넣어 동해 바다에 띄웠습니다. 과연 풍식이가 띄운 유리병은 어디로 흘러가게 될까요?

단서
- 유리병을 띄운 바다는 동해 바다이다.
- 우리나라 동해 바다에는 동한 난류가 흐르고 있다.
- 난류는 저위도에서 고위도로 흐른다.

❶ 북쪽　　❷ 남쪽

한류 寒 流

찰 한 / 흐를 류

125

고위도에서 저위도로 흐르는 차가운 바닷물의 흐름

지구는 둥글기 때문에 각 위도*마다 태양으로부터 받는 에너지양이 다릅니다. 따라서 태양 에너지를 적게 받는 고위도 지역은 저위도 지역에 비해 바닷물의 온도가 낮죠. 이렇게 온도가 낮은 고위도 지역에서 저위도 지역으로 흐르는 바닷물의 흐름을 한류라고 합니다. 우리나라의 동해안에서는 북쪽에서 북한 한류가 내려와요.

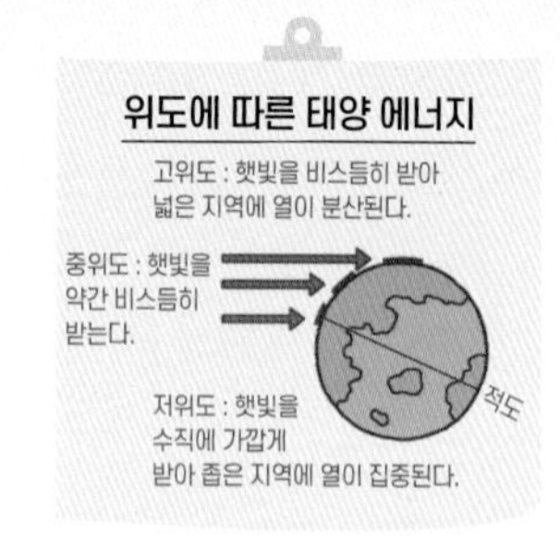

위도에 따른 태양 에너지
고위도 : 햇빛을 비스듬히 받아 넓은 지역에 열이 분산된다.
중위도 : 햇빛을 약간 비스듬히 받는다.
저위도 : 햇빛을 수직에 가깝게 받아 좁은 지역에 열이 집중된다.
적도

한류는 주변보다 상대적으로 온도와 염분*이 낮아요. 염분은 낮지만 바닷물 속에 포함된 산소와 영양 염류*의 양이 많아서 플랑크톤의 양이 많답니다.

*위도(緯 가로 위 度 법도 도) : 지구에서 위치를 설명하기 위한 가상의 가로 좌표
*염분(鹽 소금 염 分 나눌 분) : 바닷물에 포함되어 있는 소금기
*영양 염류(營 경영할 영 養 기를 양 鹽 소금 염 類 무리 류) : 바닷물 속에 녹아 있는 여러 가지 염류

난류 暖 流

따뜻할 난 흐를 류

126

저위도에서 고위도로 흐르는 따뜻한 바닷물의 흐름

태양 에너지를 많이 받는 저위도 지역에서 고위도 지역으로 흐르는 바닷물의 흐름을 난류라고 합니다. 우리나라를 둘러싼 황해, 남해, 동해는 필리핀에서 시작되어 대만과 일본을 거쳐 흐르는 '쿠로시오 해류'의 영향을 제일 많이 받아요. 쿠로시오 해류는 우리나라의 동해로 들어와서 동한 난류와 대마 난류로 갈라집니다.

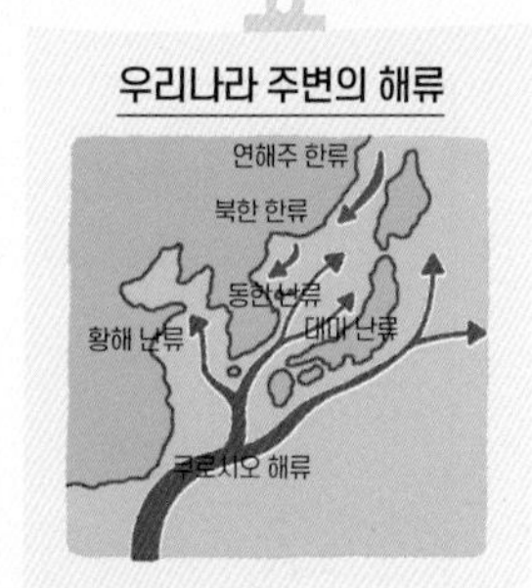

난류는 주변보다 상대적으로 온도와 염분이 높아요. 한류와 반대로 바닷물 속에 포함된 산소와 영양 염류의 양이 적어서 플랑크톤의 양도 적답니다.

정답은? ❶ 북쪽

우리나라의 동해에는 동한 난류가 흐르고 있어요. 동한 난류는 저위도에서 고위도로 흐르죠. 따라서 동해 바다에 띄운 유리병은 동한 난류를 따라 고위도인 북쪽으로 흘러갈 거예요.

핵심은?

한류	난류
• 고위도에서 저위도로 흐르는 해류 • 주변보다 상대적으로 온도와 염분이 낮음 • 산소와 영양 염류의 양이 많음	• 저위도에서 고위도로 흐르는 해류 • 주변보다 상대적으로 온도와 염분이 높음 • 산소와 영양 염류의 양이 적음

“고위도에서 저위도로 흐르는 차가운 바닷물인 한류!
저위도에서 고위도로 흐르는 따뜻한 바닷물인 난류!
난류는 한류보다 온도와 염분이 높고, 한류는 난류보다 염분은 낮지만
바닷물 속에 포함된 산소와 영양 염류의 양이 많다는 것! 꼭 알아 두자~!”

글씨가 사라진 까닭은 무엇일까요?

난이도 ★★★

Q 바닷가에 놀러 간 풍's 패밀리. 풍미니는 바다 근처 기둥에 이름을 썼습니다. 잠시 후 풍마니에게 자랑하기 위해 다시 기둥을 찾았더니, 기둥에 풍미니가 쓴 이름은 보이질 않네요. 풍미니가 쓴 글씨가 사라진 까닭은 무엇일까요?

단서
- 돌탑 주위에 있는 바다를 잘 살펴 보자.
- 바닷물은 파도가 치며 계속 차올랐다가 빠진다.

❶ 누군가 지웠기 때문이야.

❷ 해수면이 높아졌기 때문이야.

만조 滿 潮

滿 찰 만 潮 바다 조

127

조석 현상에 의해 해수면이 하루 중에서 가장 높아졌을 때

바닷물이 해안가로 밀려 들어와서 해수면의 높이가 가장 높아졌을 때를 만조라고 합니다. 만조는 보통 하루에 두 번씩 일어나고, 달의 인력과 지구의 원심력이 가장 크게 작용하는 지역에서 일어나요. 자세한 내용은 다음 장에서 다룰 예정이에요.

만조가 지나면 바닷물이 다시 서서히 빠져나가기 시작합니다. 만조가 나타나는 시간은 매일 조금씩 달라지는데 이는 지구가 자전하는 데 걸리는 시간과 달이 공전하는 데 걸리는 시간이 다르기 때문이랍니다.

만조

만조일 때는 바닷물이 밀려 들어와서 해수면의 높이가 가장 높다.

간조 干 潮

텅빌 간 바다 조

128

조석 현상에 의해 해수면이 하루 중에서 가장 낮아졌을 때

바닷물이 빠져나가 해수면의 높이가 가장 낮아졌을 때를 간조라고 합니다. 간조는 만조와 마찬가지로 보통 하루에 두 번씩 일어나지만 간조는 달의 인력과 지구의 원심력이 가장 작게 작용하는 지역에서 나타납니다.

간조가 지나면 바닷물이 다시 서서히 차오르기 시작해요. 이렇게 만조와 간조를 합쳐서 간만이라고 부르기도 하고, 만조 때의 해수면 높이와 간조 때의 해수면 높이의 차를 조수 간만 차 또는 조차라고도 한답니다.

간조

간조일 때는 바닷물이 빠져나가서 해수면의 높이가 가장 낮다.

정리 좀 해볼게요

정답은? ❷ 해수면이 높아졌기 때문이야.

바닷물이 밀려 들어와서 해수면의 높이가 가장 높아졌을 때를 만조라고 합니다. 따라서 풍미니가 써놓은 글자는 해수면이 높아져서 가려진 것이랍니다. 시간이 지나서 다시 바닷물이 빠지면 글자를 볼 수 있게 될 거예요.

핵심은?

만조	간조
• 해수면의 높이가 가장 높을 때 • 달의 인력과 지구의 원심력이 가장 크게 작용하는 지역에서 발생 • 보통 하루에 두 번 일어남	• 해수면의 높이가 가장 낮을 때 • 달의 인력과 지구의 원심력이 가장 작게 작용하는 지역에서 발생 • 보통 하루에 두 번 일어남

“만조와 간조는 조석 현상에 의해 일어나는 현상이야.
바닷물이 해안가로 밀려들어와서 해수면이 가장 높아지면 만조,
해안가에서 바닷물이 빠져나가서 해수면이 가장 낮아지면 간조!
만조와 간조는 하루에 두 번씩 일어난다는 것도 같이 기억하자.”

풍's 패밀리는 바닷길을 건널 수 있을까요?

난이도 ★★☆

Q 풍's 패밀리는 바닷길이 열리는 진도에 놀러 갔습니다. 열린 바닷길을 따라 사람들이 섬으로 건너가고 있지만 풍미니는 화장실이 급해 이러지도 저러지도 못하고 있네요. 과연 화장실을 다녀와도 바닷길을 건널 수 있을까요?

단서
- 바닷길은 바닷물이 빠지면 드러난다.
- 바닷길은 하루에 두 번 볼 수 있다.

❶ 건널 수 있다.　　❷ 건널 수 없다.

밀물

Flood Tide
밀물

129

바닷물이 밀려 들어와서 해수면의 높이가 점점 높아지는 상태

지구는 자전축을 중심으로 자전하고, 달은 지구 주위를 공전하고 있다는 것을 배웠죠? 지구의 자전과 달의 공전에 의해서 지구에는 다양한 힘이 작용하고 있어요. 달과 가까운 쪽은 달의 인력에 의해 바닷물이 모이고, 달의 반대쪽은 지구가 자전할 때 발생하는 원심력*에 의해 바닷물이 모이죠. 그 결과 바닷물이 해안가로 밀려 들어와서 모이는 현상을 밀물이라고 해요. 밀물이 시작되면 바닷물이 해안가로 계속 밀려 들어오기 때문에 해수면의 높이가 점점 높아져요.

지구는 하루에 한 바퀴씩 자전을 하기 때문에 밀물은 달과 가까운 곳에서 한 번, 달과 반대편에 있을 때 한 번, 하루에 약 두 번씩 일어납니다.

밀물

'바닷물이 밀려 들어와!'

*원심력(遠 멀 원 心 중심 심 力 힘 력) : 원의 바깥으로 나가려는 힘

썰물

Ebb Tide
썰물

130

바닷물이 빠져나가서 해수면의 높이가 점점 낮아지는 상태

달의 인력과 지구의 원심력에 의해 바닷물이 모이는 곳이 있다면 바닷물이 빠져나가는 곳도 있겠죠? 이렇게 바닷물이 해안가에서 먼 바다로 빠져나가는 현상을 썰물이라고 한답니다. 썰물이 시작되면 바닷물이 해안가에서 빠져나가기 때문에 해수면의 높이가 점점 낮아져요.

밀물이 하루에 약 두 번씩 일어나는 것처럼 썰물도 하루에 약 두 번씩 일어나게 됩니다. 바닷물이 밀려 들어왔다가 빠져나가고, 다시 밀려 들어왔다가 빠져나가는 현상이 반복되기 때문에 밀물 – 썰물 – 밀물 – 썰물 순서대로 번갈아 가면서 나타나죠. 특히 우리나라의 서해와 남해는 수심이 얕고 해안선이 복잡해서 밀물과 썰물을 잘 관찰할 수 있답니다.

썰물

'바닷물이 썰려나가!'

정리 좀 해볼게요

정답은? ❷ 건널 수 없다.

해안가에서는 하루 동안 밀물-썰물-밀물-썰물이 반복돼서 나타나요. 따라서 바닷물이 빠져서 지금은 바닷길이 보이더라도 시간이 지나면 다시 차올라 보이지 않을 수 있답니다. 바닷길이 열려 있는 시간은 그렇게 길지 않아요.

핵심은?

밀물	썰물
• 해안가로 바닷물이 밀려 들어오는 현상 • 해수면의 높이가 점점 높아짐	• 해안가에서 바닷물이 빠져나가는 현상 • 해수면의 높이가 점점 낮아짐

"바닷물이 해안가로 밀려들어오는 현상을 밀물!
바닷물이 빠져나가는 현상을 썰물! 이런 물의 흐름을 조류라고 해.
밀려 들어와~ 밀물! 썰려나가~ 썰물! 이렇게 기억해 보자!"

할아버지는 뭐라고 하셨을까요?

난이도 ★★★

Q 풍's 패밀리가 갯벌 체험을 하기 위해 서해 바다에 놀러 왔습니다. 하지만 바다에 도착해서 보니 갯벌은 보이지 않고 바닷물만 가득 차 있네요. 당황한 풍's 패밀리에게 한마디 하시는 동네 할아버지. 과연 할아버지는 뭐라고 하셨을까요?

단서
- 갯벌은 간조일 때 무조건 볼 수 있는 것은 아니다.
- 썰물의 정도는 날마다 차이가 있다.

① "사리이면서 간조일 때 찾아와야지."

② "조금이면서 간조일 때 찾아와야지."

사리

131

만조와 간조의 차이가 가장 큰 시기

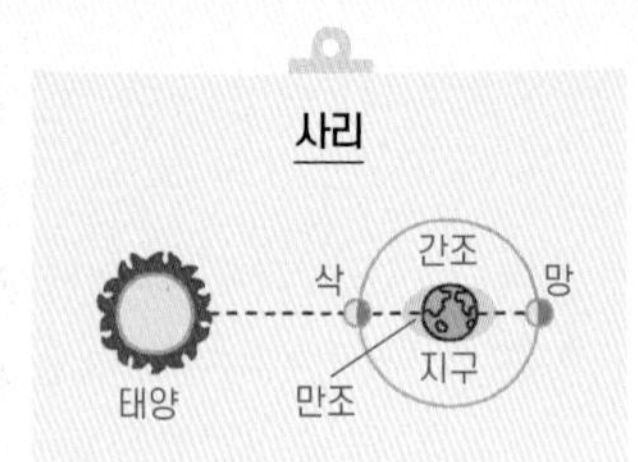

사리는 한 달 중 조차, 즉 만조와 간조의 해수면 높이 차이가 가장 큰 시기를 말합니다. 지구에서 보는 달과 태양의 위치는 매일 바뀌기 때문에 지구에 작용하는 힘도 매일 달라져요. 그래서 바닷물이 빠져나가고 밀려 들어오는 정도의 차이가 나타나게 된답니다. 1권에서 달의 위상에 대한 내용을 배웠죠? 지구와 달, 태양이 일직선상에 있을 때 지구에 작용하는 힘이 가장 커져요. 그래서 달의 위치가 망이나 삭일 때 바닷물이 많이 빠져나가고 밀려 들어와서 사리가 나타난답니다. 그래서 사리는 한 달에 약 두 번 나타나요.
사리 때는 바닷물이 많이 빠져나가기 때문에 사리이면서 간조일 때는 갯벌 체험을 할 수 있답니다.

조금

132

만조와 간조의 차이가 가장 작은 시기

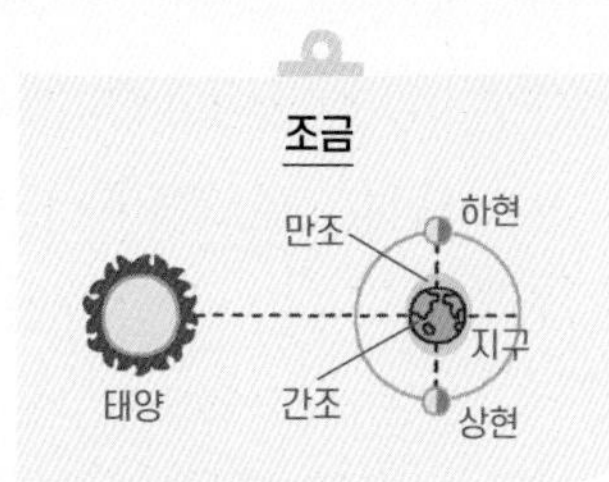

조금은 한 달 중 조차, 즉 만조와 간조의 해수면 높이 차이가 가장 작은 시기를 말합니다. 지구와 달, 태양이 일직선이 될 때 사리가 나타난다면, 조금은 지구를 기준으로 달과 태양이 수직으로 위치한 상현달이나 하현달일 때 나타나요. 그래서 조금도 한 달에 약 두 번 나타난답니다.

사리일 때 갯벌이 보이는 곳이라도, 조금일 때는 바닷물이 완벽하게 빠져나가지 않아서 갯벌이 보이지 않을 수 있어요. 그래서 갯벌 체험을 하기 위해서는 시기를 잘 맞춰서 바닷가에 가야 한답니다.

정리 좀 해볼게요

정답은? ❶ "사리이면서 간조일 때 찾아와야지."

갯벌을 잘 볼 수 있는 때는 만조와 간조의 해수면 높이 차이가 가장 큰 사리이면서, 바닷물이 모두 빠져 해수면의 높이가 가장 낮은 간조일 때랍니다. 간조라고 해도 만약 조차가 크지 않은 조금이라면, 바닷물이 완전하게 빠지지 않았을 테니 갯벌을 볼 수 없겠죠?

핵심은?

사리	조금
• 만조와 간조의 해수면 높이 차이가 가장 큰 시기 • 한 달에 약 두 번 나타남	• 만조와 간조의 해수면 높이 차이가 가장 작은 시기 • 한 달에 약 두 번 나타남

"조석 현상에서 조차가 클 때가 사리, 작을 때가 조금!
태양, 달, 지구가 일직선이 되는 삭과 망일 때는 사리가,
태양, 달, 지구가 수직으로 위치하는 상현과 하현일 때는
조금이 일어난다는 것도 알아 두자!"

풍미니는 열이 많이 나는 걸까요?

난이도 ★★★

Q 열이 나는 것 같다며 장풍쌤을 찾아온 풍미니. 풍미니 이마의 온도를 재보니 체온계에 풍미니의 체온이 309.5K로 뜨네요. 지금 풍미니는 열이 많이 나고 있는 걸까요?

단서
- 온도를 표현하는 방식에는 섭씨온도와 절대 온도가 있다.
- 섭씨온도는 ℃, 절대 온도는 K로 표기한다.
- 사람의 정상 체온은 약 36.5℃이다.

❶ 열이 나지 않는다.

❷ 열이 난다.

섭씨온도 攝 氏 溫 度

당길 섭 성 씨 따뜻할 온 법도 도

133

1기압에서 나타나는 물의 특성을 기준으로 정한 온도

온도를 표현하는 방식에는 크게 섭씨온도와 절대 온도가 있습니다. 그중 섭씨온도는 1기압에서 물의 어는점을 0℃, 물의 끓는점을 100℃로 정하고 그 사이를 100등분 한 온도입니다. 즉, 물의 특성을 기준으로 만들어진 온도 단위이죠. 섭씨온도의 단위는 ℃로 나타내고, 이 단위는 온도의 기준을 처음 만든 스웨덴의 과학자 안데르스 셀시우스Anders Celsius의 이름을 따서 만들었어요. 섭씨온도는 우리나라뿐만 아니라 세계적으로 가장 널리 사용되는 온도 단위랍니다.

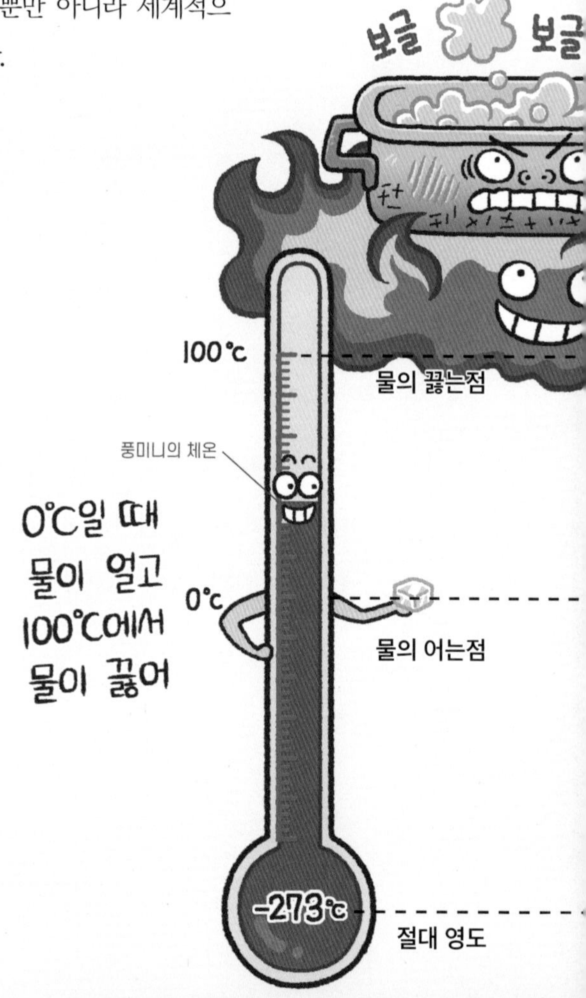

절대 온도 絶 對 溫 度 134

끊을 절 대할 대 따뜻할 온 법도 도

물질의 특성을 기준으로 하지 않는 절대적 온도

절대 온도는 전 세계에서 통일하여 사용하는 온도의 단위로, 과학 분야에서 많이 사용해요. 물리학이나 화학과 같은 과학 분야에서 사용하는 온도는 정확한 값으로 계산해야 하죠. 그런데 섭씨온도의 경우, 물이라는 특정한 물질을 기준으로 정한 것이라서 물의 특성이 약간씩 변하면 섭씨온도도 변할 수 있기 때문에 정확하지 않을 수 있습니다. 그래서 영국의 물리학자 켈빈Lord Kelvin이 물리 법칙을 기준으로 과학 분야에서 사용할 수 있는, 변하지 않고 정확한 온도의 단위인 절대 온도를 만들었답니다. 절대 온도는 켈빈의 이름을 따서 대문자 K로 표기하고 '켈빈'이라 읽습니다. 이론적으로 기체의 온도를 계속 낮추면 기체의 부피는 점점 작아져서 결국 0이 되는데, 절대 온도는 이렇게 기체의 부피가 0이 되는 상황의 온도를 기준으로 하죠. 이때의 온도를 절대 영도라고 하며, 0K으로 나타냅니다.

섭씨온도와 절대 온도는 약 273의 차이가 나는데요. 즉, 섭씨온도 0℃는 절대 온도 273K, −273℃는 0K이 됩니다.

373K
273K일 때
물이 얼고
373K에서
물이 끓어
273K
0K

정리 좀 해볼게요

정답은? ❶ 열이 나지 않는다.

섭씨온도와 절대 온도는 약 273의 차이가 나요. 0℃는 273K이에요. 그렇다면 풍미니의 체온을 섭씨온도로 바꾼다면 309.5-273=36.5℃네요. 사람의 정상 체온은 약 36.5℃이므로 풍미니는 열이 나지 않아요.

핵심은?

섭씨온도	절대 온도
• 물의 어는점과 끓는점을 기준으로 만들어진 온도 • 1기압에서 물의 어는점을 0℃, 끓는점을 100℃로 정하고 그 사이를 100등분 함 • 단위 : ℃섭씨	• 국제단위에서 사용하는 온도로, 과학에서 많이 쓰이는 온도 • 기체의 부피가 0이 되는 이론상의 온도를 기준으로 함 • 단위 : K켈빈

"물의 특성을 기준으로 만들어진 섭씨온도.
그리고 과학에서 더 많이 사용되는 기체 입자의 운동을 이용한 절대 온도.
섭씨온도와 절대 온도는 약 273의 차이가 난다는 것도 잊지 말자!"

장풍쌤이 당황한 까닭은 무엇일까요?

난이도 ★★☆

Q 보글보글 끓는 찌개를 식탁으로 가져가려는 장풍쌤이 냄비를 들지 않고 그 앞에서 안절부절못하고 있어요. 장풍쌤이 당황한 까닭은 무엇일까요?

단서
- 열은 다양한 형태로 전달된다.
- 찌개가 끓는 까닭도 열이 전달되었기 때문이다.
- 냄비는 금속으로 되어 있다.

❶ 냄비가 무거울 것 같아서 ❷ 냄비가 뜨거울 것 같아서

전도 傳 導

전할 전 인도할 도

135

열의 이동 방법 중 입자의 충돌에 의해 열이 이동하는 현상

열이 이동하는 방법에는 전도, 대류, 복사*가 있습니다. 그중 전도는 물질을 구성하고 있는 입자들 사이의 충돌에 의해 열이 이동하는 방법이에요. 그래서 전도는 입자와 입자 사이의 거리가 아주 가까운 고체에서 주로 일어나지요. 물체의 온도가 높을수록 물체를 구성하고 있는 입자의 움직임이 활발해져요. 어떤 고체 물질의 한 부분을 가열하면, 가열한 부분에 있는 입자들의 움직임이 활발해집니다. 그리고 활발하게 움직이는 입자가 가까이에 있는 움직이지 않는 입자와 충돌하면서 열과 함께 에너지가 전달되는 것이죠. 결국, 그 고체 물질의 전체 온도는 높아지게 된답니다. 예를 들어 뜨거운 국에 쇠로 만든 숟가락을 담가놓으면 숟가락 전체가 뜨거워지죠? 국에 있던 열이 쇠 숟가락으로 전도되었기 때문이에요.

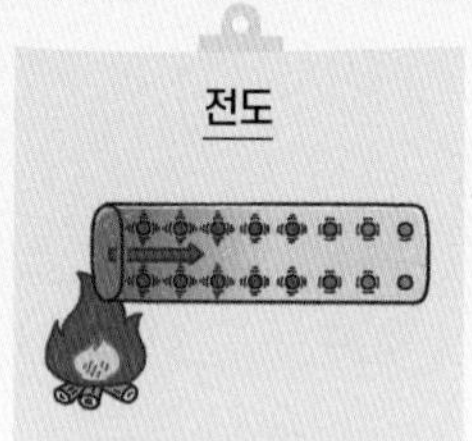

입자가 서로 충돌하면서 열이 이동한다.

*복사(輻 바퀴살 복 射 쏠 사) : 어떤 물체로부터 열이나 빛이 사방으로 전파되는 것

대류 對 流

대할 대 / 흐를 류

136

열의 이동 방법 중 입자가 직접 이동하면서 열이 이동하는 현상

열의 이동 방법 중 대류는 물질을 구성하는 입자가 직접 열을 가지고 이동하는 방법입니다. 대류는 물질의 입자 사이가 조금 멀어도 일어나기 때문에 액체나 기체와 같은 유체에서 주로 일어나지요. 유체가 열을 얻어 온도가 높아지면 입자의 움직임이 활발해지면서 가벼워집니다. 가벼워진 유체는 점점 위로 떠오르게 돼요. 그 자리를 온도가 낮고 무거운 유체가 다시 채우면서 순환이 일어나는 것이랍니다.

열을 얻은 입자가 순환하면서 열이 이동한다.

정리 좀 해볼게요

정답은? ② 냄비가 뜨거울 것 같아서

금속으로 된 냄비에 찌개를 끓이면 냄비 겉면을 통해 열이 전도되어 뜨거워져요. 장풍쌤은 냄비가 뜨거울까 봐 안절부절못하는 거였네요.

핵심은?

전도	대류
• 물체를 구성하는 입자들 사이의 충돌에 의해 열이 차례대로 이동하는 현상 • 주로 고체에서 일어남	• 물체를 구성하는 입자가 직접 이동하면서 열이 이동하는 현상 • 주로 액체나 기체에서 일어남

"쇠 젓가락으로 라면을 먹을 때 쇠 젓가락이 뜨거워지는 까닭은 전도,
히터를 틀면 방 전체가 따뜻해지는 까닭은 대류!
열의 이동에서 전도는 주로 고체에서, 대류는 주로 액체나 기체에서 일어나~
우리 주변의 물건들은 어떤 방법으로 열을 이동시키는지 꼭 복습해 보자!"

풍마니와 풍슬이는 어느 곳으로 뛰어가야 할까요?

난이도 ★★★

Q 여름휴가를 맞아 해수욕장에 놀러 간 풍's 패밀리. 신이 나서 바다를 향해 뛰어갑니다. 그런데 모래사장이 너무 뜨거워서 서 있을 수가 없네요. 풍마니와 풍슬이는 뜨거워진 발을 식히기 위해 어느 곳으로 뛰어가야 할까요?

단서
- 물질 1kg을 1℃ 높이는 데 필요한 에너지를 비열이라고 한다.
- 모래와 바닷물 중 모래의 비열이 더 낮다.

❶ 바다 쪽으로 뛰어간다.

❷ 주차장 쪽으로 뛰어간다.

비열

比 비율 비 熱 더울 열

137

물질 1kg을 1℃ 높이는 데 필요한 열에너지

어떤 물질 1kg의 온도를 1℃ 높이기 위해 필요한 열에너지를 '비열'이라고 합니다. 비열은 물질의 종류에 따라 고유한 값을 가지기 때문에 물질을 구별하는 특성이 되죠.

비열이 큰 물질은 주변으로부터 받는 열에 의한 온도 변화가 빠르게 나타나지 않아요. 대표적인 예로는 물이 있습니다. 태양 빛이 있는 낮에는 바닷물이 천천히 데워지고, 태양 빛이 없는 밤에는 바닷물이 천천히 식죠. 하지만 모래의 경우는 달라요. 모래는 물보다 비열이 작아서 온도 변화가 빠르게 나타납니다. 따라서 태양 빛이 있는 낮에는 모래가 빠르게 뜨거워지고, 태양 빛이 없는 밤이 되면 빠르게 식어요. 그래서 낮에 바닷물은 시원하게 느껴지고, 모래사장의 모래는 뜨겁게 느껴지는 것이랍니다.

열용량 熱 容 量

뜨거울 열 얼굴 용 헤아릴 량

138

물질의 질량에 상관없이 온도를 1℃ 높이는 데 필요한 열에너지

어떤 물질의 온도 1℃를 높이는 데 필요한 에너지를 '열용량'이라고 합니다. 언뜻 보기에는 비열과 같은 개념인 것 같지만, 열용량은 같은 물질이라도 질량이 다르면 열용량도 달라지기 때문에 물질의 특성이 될 수 없답니다. 예를 들어 같은 온도의 물 1kg과 물 2kg에 같은 열에너지를 공급했을 때, 질량이 큰 물 2kg의 온도가 더 천천히 올라갑니다. 따라서 물 2kg의 열용량이 더 크다고 말할 수 있는 것이죠.

정리 좀 해볼게요

정답은? ❶ 바다 쪽으로 뛰어간다.

모래사장의 모래는 바닷물보다 비열이 작아요. 그래서 태양 빛에 의해 빠르게 뜨거워지죠. 모래사장 때문에 뜨거워진 풍마니와 풍슬이의 발을 식히려면 빨리 바닷물 속으로 뛰어들어야겠네요.

핵심은?

비열	열용량
• 물질 1kg의 온도 1℃를 높이기 위해 필요한 에너지 • 물질의 종류에 따라 고유한 값을 가지므로 물질을 구별하는 특성이 됨	• 물질의 질량에 상관없이 온도를 1℃ 높이기 위해 필요한 에너지 • 물체의 질량에 따라 달라지기 때문에 물질의 특성이 될 수 없음

“비열이 크다는 것은 온도를 올리는 데 필요한 열량이 많다는 뜻이기 때문에 온도 변화가 느리다고 할 수 있지! 열용량이 크다는 것은 갖고 있는 열이 많고, 사용할 수 있는 열이 많다는 것으로 이해하면 돼~”

장풍쌤의 모자는 어느 쪽으로 날아갔을까요?

난이도 ★☆☆

Q 햇빛이 쨍쨍한 한낮. 장풍쌤은 여유롭게 해변 산책을 즐기고 있습니다. 그런데 갑자기 바람이 불어 모자가 날아가 버렸어요. 장풍쌤의 모자는 어느 쪽으로 날아갔을까요?

단서
- 태양이 떠 있는 낮이라는 것을 주목하자.
- 바다보다 육지의 온도가 더 높다.
- 따뜻한 공기는 위로, 차가운 공기는 아래로 내려가는 성질이 있다.

❶ 바다 ❷ 육지

해풍

海 바다 해 | 風 바람 풍

139

바다에서 육지로 부는 바람

한낮에 태양 빛을 받은 바다와 육지는 모두 뜨거워지지만 그 정도는 서로 다릅니다. 따라서 육지와 바다에서 기온의 차이가 생기게 되는데요. 앞에서 배웠듯이 물은 다른 물질에 비해 비열이 커서 육지보다 온도가 천천히 높아지게 됩니다. 뜨거운 공기는 위로 올라가려는 성질이 있기 때문에 먼저 온도가 높아진 육지 쪽의 공기는 위로 올라가고, 상대적으로 온도가 낮아진 바다 쪽의 공기가 육지 쪽의 부족한 공기를 채우기 위해 이동하죠. 이러한 공기의 흐름은 바람의 방향이 됩니다. 이렇게 바다에서 육지 쪽으로 부는 바람을 해풍이라고 한답니다.

140

육풍

육지에서 바다로 부는 바람

밤에 해가 지면 기온은 다시 낮아집니다. 이때 낮 동안 데워졌던 육지는 비열이 작아서 빨리 식고, 비열이 큰 바다는 천천히 식게 되죠. 따라서 바다 쪽의 공기는 육지보다 상대적으로 온도가 높아져 위로 올라가고, 상대적으로 온도가 낮아진 육지 쪽의 공기는 바다 쪽의 부족한 공기를 채우기 위해 이동합니다. 이렇게 육지에서 바다쪽으로 부는 바람을 육풍이라고 한답니다.

정리 좀 해볼게요

정답은? ❷ 육지

해가 떠 있는 낮에는 바다보다 육지의 온도가 더 높기 때문에 바다에서 육지를 향해 해풍이 불어요. 따라서 장풍쌤의 모자는 육지 쪽으로 날아갈 거예요.

핵심은?

해풍	육풍
• 바다에서 육지로 부는 바람 • 낮에 해안가에서 부는 바람	• 육지에서 바다로 부는 바람 • 밤에 해안가에서 부는 바람

"풍향은 바람이 불기 시작한 쪽의 위치로 정해져.
낮에 육지의 온도가 더 높아서 바다에서 육지로 부는 바람을 해풍!
밤에는 반대로 육지의 온도가 더 낮아서
육지에서 바다로 부는 바람을 육풍이라고 해!"

물리 변화를 준 사람은 누구일까요?

난이도 ★★☆

Q 캠핑을 간 풍's 패밀리. 장풍쌤은 불을 피워 고기를 굽고 있고, 풍슬이와 풍마니는 장풍쌤을 도와 야채를 썰고 있어요. 과연 장풍쌤과 풍슬이, 풍마니 중 물리 변화를 준 사람은 누구일까요?

단서
- 물리 변화는 물질이 가진 고유한 성질이 변하지 않는다.
- 화학 변화는 물질이 가진 고유한 성질이 변한다.

❶ 장풍쌤 ❷ 풍슬이, 풍마니

물리 변화 物 理 變 化

물건 물 다스릴 리 변할 변 될 화

141

물질의 고유한 성질이 변하지 않고 상태만 변하는 현상

물리 변화는 물질이 가진 고유한 성질은 변하지 않고 물질의 모양, 크기, 상태만 변하는 현상입니다. 다시 말하면, 물질이 가진 분자의 모양, 개수, 종류는 변하지 않고 분자의 배열만 변하는 것이죠. 대표적인 물리 변화는 고체, 액체, 기체 사이의 상태 변화로, 물리 변화가 일어나더라도 처음과 완전히 다른 물질은 생성되지 않아요.

예를 들어 얼음이 녹아 물이 되는 것, 설탕이 물에 녹아 설탕물이 되는 것, 고무공이 찌그러지는 것 등이 일상생활에서 볼 수 있는 물리 변화랍니다.

당근과 오이는 잘라도 고유한 성질이 변하지 않아.

화학 변화

化 學 變 化
될 화 배울 학 변할 변 될 화

142

물질의 고유한 성질이 변하여 새로운 물질로 변하는 현상

화학 변화는 물질이 가진 고유한 성질이 변하는 현상입니다. 고유한 성질이 변한다는 것은 물질을 이루는 분자의 종류와 개수가 변하는 것을 의미해요. 그래서 화학 변화가 일어나면 처음과는 전혀 다른 새로운 성질을 가진 물질로 변합니다.

예를 들어 철이 산소와 만나 녹스는 것, 사과를 깎아 두면 색이 변하는 것, 고기를 익히면 냄새와 색이 변하는 것 등이 일상생활에서 볼 수 있는 화학 변화랍니다.

물렁한 고기를 구우면
고유한 성질이 변하며
단단해져.

정리 좀 해볼게요

정답은? ❷ 풍슬이, 풍마니

야채를 잘게 썬다고 해서 야채가 가지고 있는 고유의 성질이 변하지는 않아요. 하지만 물렁했던 고기를 구우면 고기의 고유한 성질이 변하면서 단단해진답니다. 따라서 물리 변화를 준 사람은 풍마니와 풍슬이에요.

핵심은?

물리 변화	화학 변화
• 물질의 고유한 성질은 변하지 않고 상태만 변하는 현상 • 물질의 분자 모양, 개수, 종류는 변하지 않고 배열만 변함	• 물질의 고유한 성질이 변하여 새로운 물질로 변하는 현상 • 물질의 분자 종류와 개수가 변함

"물질의 고유한 성질이 변하지 않고 상태만 변한다면 물리 변화.
고유한 성질이 변해 새로운 물질로 변한다면 화학 변화.
물리 변화와 화학 변화의 차이점을 꼭 기억하자!"

풍마니는 덥고, 풍슬이는 추운 까닭은 무엇일까요?

난이도 ★★☆

Q 풍마니는 적도로, 풍슬이는 북극으로 여행을 떠났습니다. 서로 영상 통화를 하면서 풍마니는 덥다 말하고, 풍슬이는 춥다고 하며 서로를 이해하지 못하고 있네요. 풍마니가 덥고, 풍슬이가 추운 까닭은 무엇일까요?

단서
- 지구는 둥근 공 모양이다.
- 태양 복사 에너지양은 지구의 위도에 따라 다르다.
- 지구는 지구 복사 에너지를 우주로 방출한다.

❶ 지구에 들어오는 태양 복사 에너지양이 적기 때문이다.

❷ 풍슬이가 추위를 많이 타기 때문이다.

143

태양 복사 에너지

태양에서 생성되는 에너지가 복사의 형태로 방출되는 것

태양의 표면 온도는 약 5,700℃로 매우 높기 때문에 엄청난 에너지를 우주로 방출하고 있어요. 하지만 태양이 방출하는 에너지 중에서 천만 분의 1 정도만이 지구에 도달한답니다. 이 에너지는 복사의 형태로 지구에 도달하는데, 이를 태양 복사 에너지라고 해요. 태양 복사 에너지는 가시광선*, 자외선*, 적외선* 등의 파장으로 관측되죠. 지구에 도달한 태양 복사 에너지 중 일부는 구름과 지표면에서 반사되거나 대기에 흡수되기 때문에 지표면에 도달하는 양은 약 50% 정도 밖에 되지 않는답니다. 이 태양 복사 에너지는 지구에서 생명체가 살아가는 데 아주 중요한 역할을 합니다. 우리가 사용하는 에너지의 99% 이상이 태양 복사 에너지로부터 왔기 때문이에요. 태양 복사 에너지가 대기와 지표면을 가열하여 지구의 대기 대순환을 일으키면서 바람이 불고, 바닷물의 흐름이 생기며, 기상 현상 등이 일어나는 거예요.

*가시광선(可 옳을 가 視 볼 시 光 빛 광 線 줄 선) : 눈으로 볼 수 있는 파장의 범위를 가진 빛
*자외선(紫 자줏빛 자 外 바깥 외 線 줄 선) : 눈으로 볼 수 없고, 가시광선보다 짧은 파장을 가지고 있는 빛
*적외선(赤 붉을 적 外 바깥 외 線 줄 선) : 눈으로 볼 수 없고, 가시광선보다 긴 파장을 가지고 있는 빛

지구 복사 에너지

144

지구에서 에너지가 복사의 형태로 방출되는 것

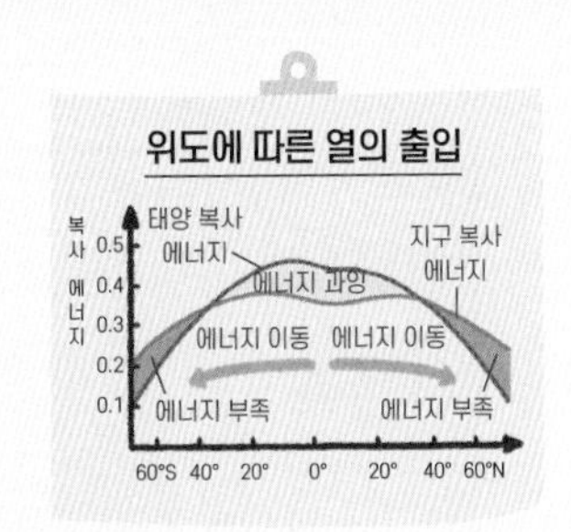

지구도 태양처럼 에너지를 우주 공간으로 방출하고 있어요. 이것을 지구 복사 에너지라고 합니다. 지구 복사 에너지는 주로 적외선의 형태로 우주로 방출돼요. 만약 지구 복사 에너지가 모두 우주로 방출된다면 지구의 온도는 매우 낮아져서 생명체가 살기 어려울 거예요. 하지만 지구에 있는 대기는 지표면에서 방출된 지구 복사 에너지 중 일부를 흡수했다가 다시 지표면으로 방출하는 역할을 하고 있어요. 그래서 지구의 표면 온도는 약 15℃이고, 평균 기온 또한 일정하게 유지될 수 있는 거예요.

또 지구는 둥근 공 모양이기 때문에 각 위도에 따라 도달하는 태양 복사 에너지양과 지구에서 방출하는 지구 복사 에너지양이 달라요. 그래서 적도와 같이 에너지양이 많은 지역, 북극, 남극과 같이 에너지양이 부족한 지역이 생기게 된답니다.

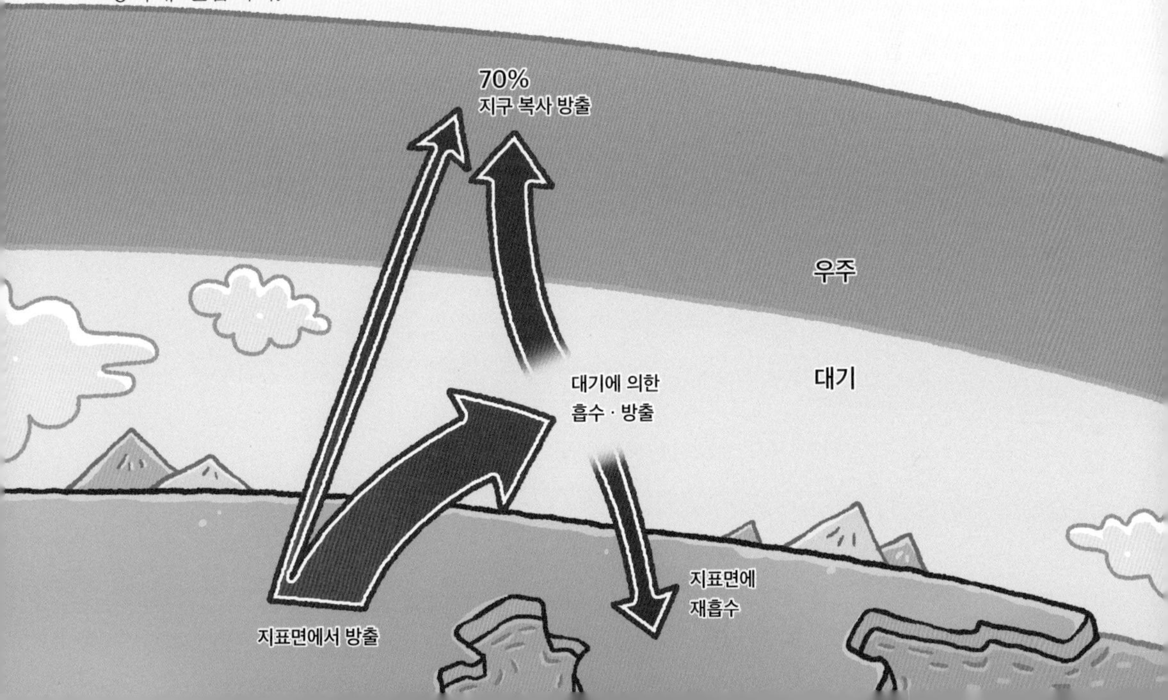

정리 좀 해볼게요

정답은? ① 지구에 들어오는 태양 복사 에너지양이 적기 때문이다.

풍슬이가 있는 북극은 고위도 지역이에요. 고위도 지역은 지표면에 도달하는 태양 복사 에너지양이 적어서 다른 지역보다 온도가 낮고 추워요.

핵심은?

태양 복사 에너지	지구 복사 에너지
• 태양에서 생성되는 에너지가 복사의 형태로 방출되는 것 • 태양 복사 에너지의 약 50%가 지표면에 흡수됨 • 생명체가 지구에서 살아가는 데 중요한 역할을 함	• 지구에서 에너지가 복사의 형태로 방출되는 것 • 대기로 흡수된 지구 복사 에너지 중 일부가 다시 방출되어 지구 온도를 일정하게 유지 • 위도에 따라 에너지가 많은 지역과 부족한 지역이 발생

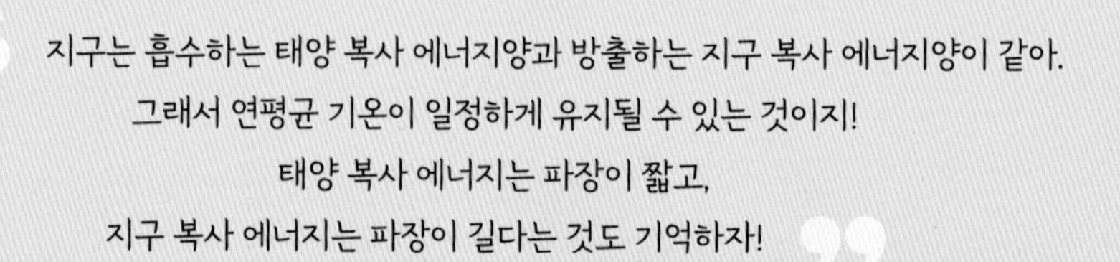

지구는 흡수하는 태양 복사 에너지양과 방출하는 지구 복사 에너지양이 같아.
그래서 연평균 기온이 일정하게 유지될 수 있는 것이지!
태양 복사 에너지는 파장이 짧고,
지구 복사 에너지는 파장이 길다는 것도 기억하자!

풍식이는 어떻게 입김을 불어야 할까요?

난이도 ★★★

Q 풍식이는 라면을 빨리 먹고 싶지만, 너무 뜨거워서 먹지 못하고 있습니다. 라면을 빨리 식히기 위해서 풍식이는 어떻게 입김을 불어야 할까요?

단서
- 뜨거운 라면을 식히기 위해서는 찬 바람을 불어야 한다.
- 공기의 부피가 순식간에 팽창하면 공기의 온도는 내려간다.

❶ 입을 크게 벌려 입김을 분다.　　❷ 입을 작게 오므려 입김을 분다.

단열 팽창 斷 熱 膨 脹

끊을 단 더울 열 부를 팽 부을 창

145

열의 교환 없이 공기의 부피가 커지는 현상

단열 팽창은 외부와 열의 교환이 차단된 상태에서 공기의 부피가 커지는 현상입니다. 공기가 상승하면 주위의 기압이 점점 낮아지면서 부피가 커지기 시작합니다. 공기의 부피가 커지기 위해서는 열이 필요한데, 외부와의 열 교환이 차단되어 있기 때문에 내부에 있는 열을 사용할 수밖에 없죠. 따라서 공기의 부피가 커지는 데 사용한 열만큼 내부 에너지는 감소하고, 기온이 낮아지게 됩니다. 이렇게 공기의 부피가 커지면서 기온이 낮아지는 현상을 단열 팽창이라고 한답니다.

구름이 만들어지는 것도 단열 팽창 때문이에요. 공기가 상승하면서 부피가 커지고 기온이 낮아질 때 공기 중의 수증기가 물로 바뀌며 구름이 되는 것이죠. 또 우리가 뜨거운 음식을 먹을 때도 마찬가지예요. 입을 오므려 '후'하고 입김을 불면 입 밖으로 나온 공기의 부피는 커지게 되죠. 그러면서 공기가 차가워져 뜨거운 음식을 식힐 수 있는 것이랍니다.

단열 압축 斷 熱 壓 縮

끊을 단 더울 열 누를 압 줄일 축

146

열의 교환 없이 공기의 부피가 작아지는 현상

단열 압축은 외부와 열의 교환이 차단된 상태에서 공기의 부피가 작아지는 현상입니다. 공기가 하강하면 주위의 기압이 점점 높아지기 때문에 공기의 부피도 작아지죠. 공기의 부피가 작아지면 내부에 남는 에너지가 생기게 되고, 이 에너지 때문에 기온이 높아지게 되는 것입니다. 이렇게 공기의 부피가 작아지면서 기온이 높아지는 현상을 단열 압축이라고 한답니다.

주변보다 기압이 높은 지역은 구름이 없고 맑은 날씨가 나타납니다. 기압이 높아 공기가 하강하는 지역이기 때문에 구름이 생기지 않고 맑은 날씨가 나타나는 거예요. 또 바람이 빠진 자전거 바퀴에 공기를 넣을 때 손을 대 보면 바퀴가 따뜻한 것을 느낄 수 있어요. 바퀴 속에 열이 출입할 여유가 없을 정도로 공기가 압축되면 온도가 높아지기 때문이에요.

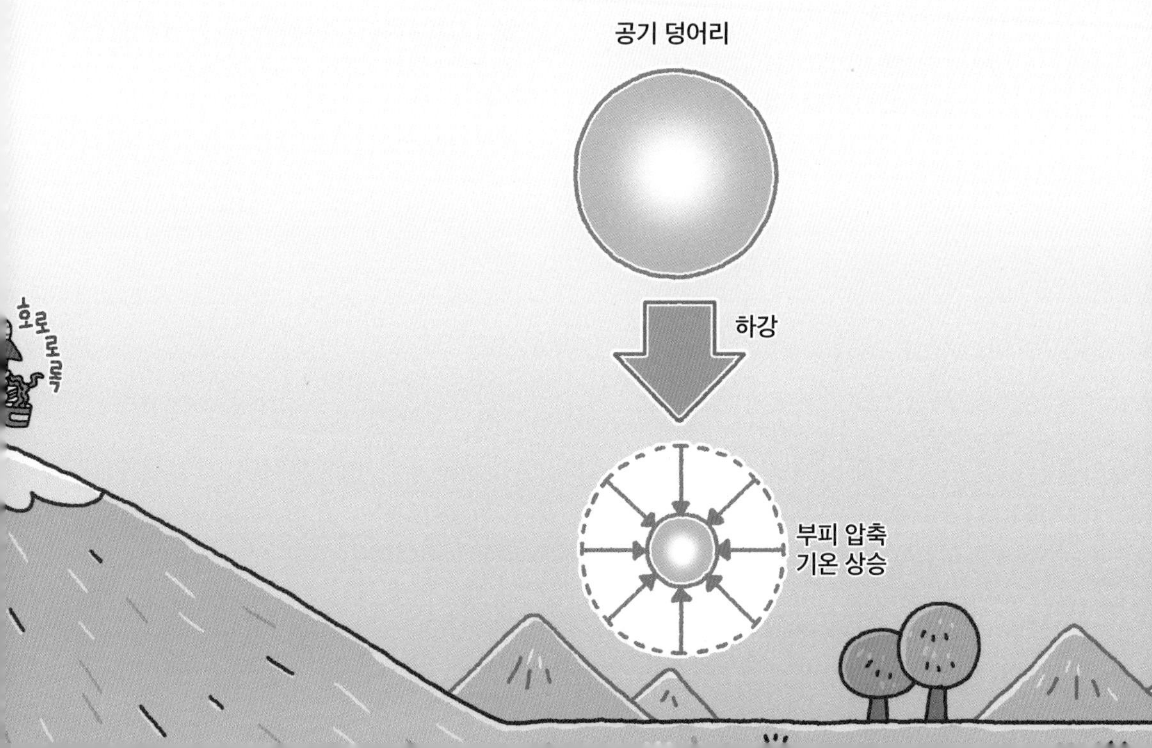

정리 좀 해볼게요

정답은? ❷ 입을 작게 오므려 입김을 분다.

입을 오므리고 '후' 하고 입김을 불면 좁은 입을 통해 공기가 나오면서 단열 팽창이 일어나요. 그럼 입 안에 있던 따뜻한 공기가 차가워지기 때문에 뜨거운 라면을 빠르게 식힐 수 있죠. 앞으로 뜨거운 음식을 식힐 땐 최대한 입을 오므리고 불어보세요.

핵심은?

단열 팽창	단열 압축
• 열의 교환이 차단된 상태에서 공기의 부피가 커지면서 기온이 낮아지는 현상 • 구름이 만들어지는 것 • 뜨거운 음식을 먹을 때 입김을 부는 것	• 열의 교환이 차단된 상태에서 공기의 부피가 작아지면서 기온이 높아지는 현상 • 자전거 바퀴에 공기를 넣을 때 손으로 만져 보면 따뜻한 것

단열은 열의 교환이 차단된 상태를 말해.
공기가 팽창하면 주위의 입자를 밀어내는 데 에너지를 쓰기 때문에 기온이 하강하게 되고,
공기가 압축되면 남는 에너지가 생기기 때문에 기온이 상승하게 되지!
팽창은 하강, 압축은 상승! 구별을 잘해야 해~!

풍식이가 간 동네의 날씨는 어떨까요?

난이도 ★★★

Q 장풍쌤과 풍마니, 풍슬이는 마트로 간식을 사러 간 풍식이를 기다리고 있습니다. 그런데 풍식이가 간 동네의 하늘에 세로로 기다란 구름이 떠 있네요. 과연 풍식이가 간 동네의 날씨는 어떨까요?

단서
- 구름의 모양을 보고 날씨를 예측할 수 있다.
- 구름은 수직으로 발달한 적운형 구름과 수평으로 발달한 층운형 구름이 있다.

❶ 천둥과 번개가 치며 많은 비가 내린다.

❷ 이슬비가 내리며 바람이 분다.

적운형 구름

積 쌓을 적 雲 구름 운 形 모양 형

147

수직으로 발달한 구름

구름은 모양에 따라 적운형 구름과 층운형 구름으로 구분할 수 있어요. 적운형 구름은 수직으로 두껍게 덩어리처럼 뭉쳐 쌓인 모습의 구름이에요. 적운형 구름 중에서도 구름이 떠 있는 높이나 강수 현상이 있는지 없는지에 따라 적운, 적란운, 권적운, 고적운 등으로 구분할 수 있죠. 구름은 공기가 상승하는 지역에서 주로 만들어지는데, 이때 공기가 빠르게 상승할수록 두께가 두꺼운 적운형 구름이 만들어진답니다. 무더운 한여름 낮에 지표면이 부분적으로 뜨거워질 때 공기가 빠르게 상승하거나, 저기압 중심에서 모여든 공기가 상승할 때 만들어지죠.

구름의 이름에 '난'이나 '란'이 들어가면 비가 내리는 구름이라는 뜻이에요. 매우 두꺼워 물방울이나 얼음 알갱이까지 포함하는 적운형 구름을 적란운이라고 하지요. 이 적란운이 발달한 지역에는 좁은 지역에 소나기가 내리거나, 천둥과 번개가 치기도 한답니다.

공기가 빠르게 상승하면
적운형 구름이 만들어진다.

층운형 구름

層 층층 | 雲 구름 운 | 形 모양 형

148

수평으로 발달한 구름

층운형 구름은 얇고 넓게 퍼진 모양의 구름이에요. 층운형 구름은 적운형 구름과는 다르게 공기가 천천히 상승할 때 만들어지기 때문에 구름의 두께가 얇고 넓게 퍼지는 형태로 나타나죠. 또한 층운형 구름 중에서도 난층운이 있는 지역은 넓은 지역에 이슬비가 내리기도 한답니다.
구름의 모양에 따라 층운형 구름과 적운형 구름으로 나눴다면, 구름의 높이에 따라서도 구름을 나눌 수 있어요. 가장 높이 떠 있는 구름부터 상층운, 중층운, 하층운으로 나누죠. 상층운은 권운, 권적운, 권층운, 중층운은 고적운, 고층운, 하층운은 층적운, 층운으로 나눌 수 있답니다.

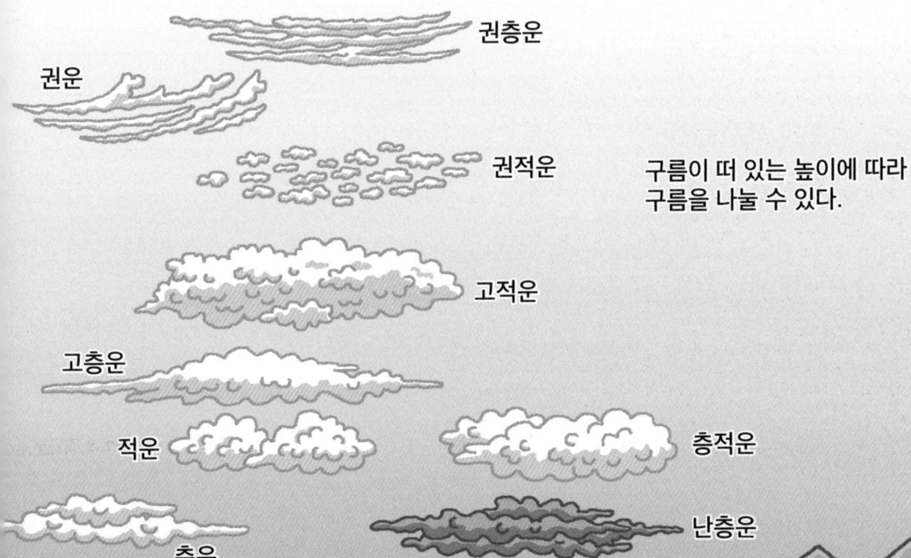

구름이 떠 있는 높이에 따라
구름을 나눌 수 있다.

정리 좀 해볼게요

정답은? ❶ 천둥과 번개가 치며 많은 비가 내린다.

풍식이가 간 동네에 떠 있는 구름은 적운형 구름 중에서도 두께가 매우 두꺼운 적란운이지요. 적란운이 떠 있는 지역은 천둥과 번개가 치기도 하고, 좁은 지역에 소나기가 세차게 내리기도 한답니다. 우산이 없는 풍식이는 비를 쫄딱 맞고 돌아오겠네요.

핵심은?

적운형 구름	층운형 구름
• 수직으로 두껍게 덩어리처럼 뭉친 구름 • 공기가 빠르게 상승하는 지역에서 만들어짐 • 적란운일 경우, 좁은 지역에 소나기가 내리거나 천둥과 번개가 치기도 함	• 얇고 넓게 퍼진 모양의 구름 • 공기가 천천히 상승하는 지역에서 만들어짐 • 난층운일 경우, 넓은 지역에 이슬비가 내림

> 빠르게 상승한 공기가 두껍게 쌓여 형성된 적운형 구름.
> 천천히 상승한 공기가 층을 이룬 층운형 구름.
> 적운형 구름은 좁은 지역에 소나기, 층운형 구름은 넓은 지역에
> 이슬비가 내린다는 것을 구분해야 해!

우리나라에서 비나 눈이 내리는 원리는 무엇일까요?

난이도 ★★★

Q 비나 눈이 내리는 원리는 지역에 따라 다른데요. 과연 우리나라에서 비나 눈이 내리는 원리를 잘 설명한 사진은 둘 중 어느 것일까요?

단서
- 우리나라는 중위도에 속한다.
- 중위도와 고위도 지역 같이 추운 지역에 내리는 눈과 비는 빙정설로 설명할 수 있다.
- 저위도 지역의 열대 지방 같이 더운 지역에 내리는 비는 병합설로 설명할 수 있다.

❶ 왼쪽 사진

❷ 오른쪽 사진

빙정설

氷 얼음 빙 / 晶 결정 정 / 說 말씀 설

149

작은 얼음 알갱이가 커지면서 눈이 되어 내리고, 내리다 녹으면 비가 된다는 이론

빙정설은 우리나라가 속한 중위도 지역이나 고위도 지역과 같이 추운 지역에서 눈과 비가 내리는 원리를 설명하는 이론입니다. 이 지역에서 만들어지는 구름의 윗부분은 기온이 0℃보다 낮기 때문에 얼음 알갱이와 물방울이 함께 존재하죠. 구름 속에 있는 물방울에서 증발한 수증기가 얼음 알갱이에 달라붙으면 점점 무거워져서 아래로 떨어지는데, 이때 지표 근처 대기의 기온이 낮으면 그대로 눈으로 내리고, 기온이 높으면 녹아서 비가 되는 것이랍니다.

병합설 併 合 說

합할 병 합할 합 말씀 설

150

물방울이 이동하면서 서로 뭉쳐 큰 물방울이 되어 비가 된다는 이론

병합설은 주로 저위도 지역의 열대 지방과 같은 더운 지역에서 내리는 비의 원리를 설명하는 이론입니다. 저위도 지역에 있는 구름은 기온이 0℃ 이하로 떨어지지 않기 때문에 얼음 알갱이가 만들어지지 않아요. 대신 이 지역의 구름 속에는 다양한 크기의 물방울이 있어요. 이 물방울들이 서로 충돌하면서 물방울의 크기가 커지고, 무게가 점점 무거워지면 지표를 향해 떨어지면서 비가 내리는 것이랍니다.

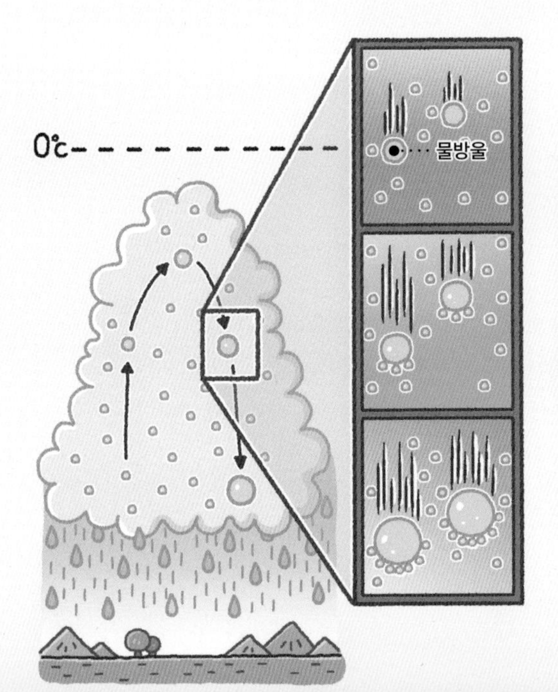

정리 좀 해볼게요

정답은? ❶ 왼쪽 사진

우리나라는 중위도 지역이기 때문에 눈과 비가 내리는 원리를 빙정설로 설명할 수 있어요. 구름 속에서 커진 알갱이가 지표면으로 떨어지다가 차가운 대기층을 만나면 녹지 않아 눈으로 내리고, 따뜻한 대기층을 만나면 얼음 알갱이가 녹으며 비가 돼요.

핵심은?

빙정설	병합설
• 구름 속의 얼음 알갱이가 떨어질 때 지표 근처 대기의 기온에 따라 눈이나 비로 내리게 된다는 이론 • 중위도와 고위도 지역에 내리는 눈과 비	• 구름 속에 있는 다양한 크기의 물방울들이 충돌하여 크기가 커지고 무거워지면 비로 내리게 된다는 이론 • 저위도 지역에 내리는 비

“중위도나 고위도 지역과 같이 추운 지역에서는
얼음 알갱이에 의해 비가 내리기 때문에 빙정설로 내리는 비를 차가운 비!
저위도나 열대 지방과 같이 더운 지역에서는 물방울들이 서로 충돌하여
비가 내리기 때문에 병합설로 내리는 비를 따뜻한 비라고도 하지!”

어느 지역으로 체험 학습을 가야 할까요?

난이도 ★☆☆

Q 풍마니와 풍슬이의 반 친구들은 체험 학습을 가기 위해 회의를 하고 있습니다. 체험 학습을 가는 날의 일기예보를 보니 A 지역은 고기압, B 지역은 저기압의 영향을 받는다고 하네요. 날씨가 맑은 지역으로 가고 싶은 친구들은 어디로 가야 할까요?

단서
- 지표면의 기온이 높아 공기가 상승하면 저기압이 형성되고, 구름이 만들어진다.
- 지표면의 기온이 낮아 공기가 하강하면 고기압이 형성되고, 구름이 사라진다.

❶ A 지역　　❷ B 지역

고기압

高 높을 고 氣 기운 기 壓 누를 압

151

주변보다 상대적으로 기압이 높은 곳

고기압은 주변보다 상대적으로 기압이 높은 곳을 말합니다. 기압은 공기가 누르는 힘이에요. 즉, 고기압은 공기가 누르는 힘이 강한 지역으로, 위에서 아래로 공기가 이동하는 하강 기류가 발달하죠. 위에서 내려온 공기는 지표 부근에서 바깥으로 불어 나가요.

지구는 자전을 하고 있기 때문에 공기의 흐름도 지구 자전의 영향을 받아요. 그래서 북반구적도를 기준으로 북쪽 부분의 고기압에서는 바람이 시계 방향으로 분답니다. 또 고기압은 위에서 공기가 내려오는 곳이기 때문에 구름이 없고 맑은 날씨가 나타나지요.

저기압 低 氣 壓

低 낮을 저 / 氣 기운 기 / 壓 누를 압

152

주변보다 상대적으로 기압이 낮은 곳

저기압은 주변보다 상대적으로 기압이 낮은 곳을 말합니다. 저기압은 공기가 누르는 힘이 약한 지역으로, 아래에서 위로 공기가 이동하는 상승 기류가 발달해요. 아래에서 위로 공기가 이동하면 지표 근처에 빈 공간이 생기기 때문에 공기가 불어 든답니다.

저기압도 마찬가지로 지구 자전의 영향을 받습니다. 그래서 북반구의 저기압에서는 바람이 시계 반대 방향으로 불어요. 또 저기압은 공기가 위로 올라가는 곳이기 때문에 구름이 만들어지면서 흐리거나 비가 내리는 날씨가 나타난답니다.

정리 좀 해볼게요

정답은? ❶ A 지역

'고기압'과 '저기압', 일기예보에서 자주 듣던 단어죠? 기압은 날씨에 큰 영향을 미친답니다. 고기압에서는 공기 덩어리가 하강하면서 구름이 소멸돼서 날씨가 맑답니다. 반대로 저기압에서는 공기 덩어리가 상승하면서 구름이 생성돼서 날씨가 흐리고 비가 올 확률이 높지요.

핵심은?

고기압	저기압
• 주변보다 상대적으로 기압이 높은 곳 • 시계 방향으로 바람이 불어 나감(북반구) • 하강 기류 발달 • 대체로 구름이 없고 맑은 날씨	• 주변보다 상대적으로 기압이 낮은 곳 • 시계 반대 방향으로 바람이 불어 들어감(북반구) • 상승 기류 발달 • 구름이 많고 비가 오는 날씨

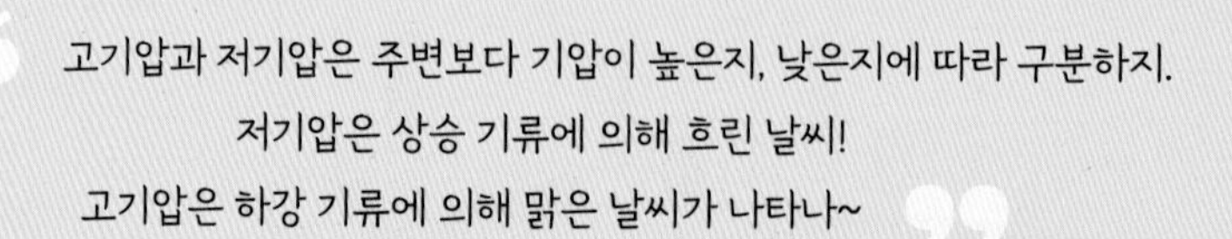

고기압과 저기압은 주변보다 기압이 높은지, 낮은지에 따라 구분하지.
저기압은 상승 기류에 의해 흐린 날씨!
고기압은 하강 기류에 의해 맑은 날씨가 나타나~

장풍쌤은 누구에게 전화해야 할까요?

난이도 ★★☆

Q 황사가 잔뜩 껴 괴로운 풍's 패밀리. 황사를 몰아내기 위해 장풍쌤은 시베리아 기단과 북태평양 기단 중 누구를 불러야 할지 고민인데요. 과연 장풍쌤은 누구에게 전화해야 할까요?

단서
- 황사는 중국이나 몽골에 있는 사막의 흙먼지가 바람을 타고 우리나라로 날아오는 것이다.
- 우리나라에는 시베리아 기단에 의해 북서풍이 분다.
- 우리나라에는 북태평양 기단에 의해 남동풍이 분다.

❶ 시베리아 기단 ❷ 북태평양 기단

시베리아 기단

153

시베리아 대륙에서 만들어진 거대한 공기 덩어리

시베리아 기단*은 우리나라의 북동쪽에 있는 시베리아 대륙에서 만들어지는 기단입니다. 고위도에 있는 대륙에서 만들어져 차갑고 건조한 특징을 가지고 있어요. 우리나라는 겨울에 고기압인 시베리아 기단의 세력이 강해지기 때문에 북서풍이 불어 기온이 점점 낮아지는 거예요. 또 겨울에 시베리아 기단의 차갑고 건조한 공기가 우리나라 쪽으로 이동하다가 서해를 지나면서 수증기를 잔뜩 흡수하게 되면 눈이 내리게 되는 것이랍니다.

시베리아 기단

시베리아 기단

*기단(氣 공기 기 團 모일 단) : 넓은 지역에서 형성되는 일정한 성질을 갖는 거대한 공기 덩어리

겨울에 춥고 건조한 건 나 때문이지.
시베리아 기단

북태평양 기단

154

북태평양에서 만들어진 거대한 공기 덩어리

북태평양 기단은 태평양의 북쪽에 위치한 해양*에서 만들어진 기단입니다. 저위도에 있는 해양에서 만들어져 따뜻하고 습한 특징을 가지고 있죠. 여름에는 고기압인 북태평양 기단의 세력이 강해져요. 그래서 해양에서 대륙 쪽으로 남동풍이 불고, 우리나라는 북태평양 기단에 의해 여름에 덥고 습한 날씨가 지속되죠. 장마가 지속되는 까닭도 북태평양 기단 때문이에요. 초여름에는 우리나라의 북서쪽에 차가운 기단인 오호츠크해 기단이 있어요. 시간이 흘러 북태평양 기단의 세력이 점점 커지면서 두 기단은 부딪히게 됩니다. 서로 성질이 다른 두 기단이 만나는 곳에는 많은 양의 구름이 형성되고 오랫동안 비가 내리게 되는데, 이 현상이 바로 장마예요.

북태평양 기단

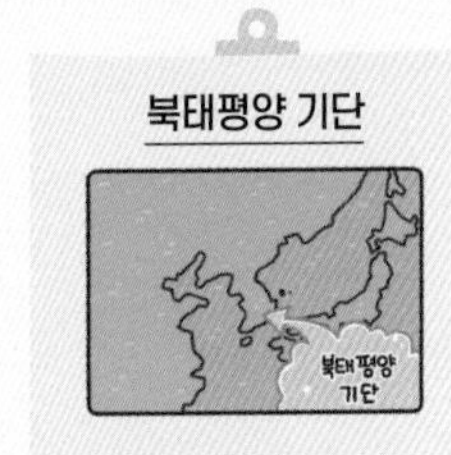

*해양(海 바다 해 洋 큰 바다 양) : 태평양, 대서양, 인도양과 같이 넓고 큰 바다

정리 좀 해볼게요

정답은? ❷ 북태평양 기단

황사는 중국이나 몽골에 있는 사막 지역에서 발생한 흙먼지가 편서풍을 타고 우리나라로 날아오는 거예요. 편서풍은 서쪽에서 동쪽으로 부는 바람이죠. 그렇기 때문에 남동풍이 부는 북태평양 기단이 황사를 밀어낼 수 있답니다.

핵심은?

시베리아 기단	북태평양 기단
• 우리나라 겨울 날씨에 영향을 미침 • 차고 건조한 특징 • 대륙에서 해양 쪽으로 북서풍이 불어옴	• 우리나라 여름 날씨에 영향을 미침 • 덥고 습한 특징 • 해양에서 대륙 쪽으로 남동풍이 불어옴

" 우리나라의 겨울철에는 시베리아 기단의 영향으로 차고 건조한 북서풍이 불고, 여름철에는 북태평양 기단의 영향으로 덥고 습한 남동풍이 불지! 겨울에는 대륙에서 해양 쪽으로, 여름에는 해양에서 대륙 쪽으로 바람이 분다는 것! 꼭 기억하자! "

장풍쌤은 왜 비가 올 것이라고 예측했을까요?

난이도 ★★★

Q 하늘에 떠 있는 태양 주변에 동그랗게 햇무리가 둘러 있습니다. 장풍쌤이 햇무리를 보고 "내일은 비가 오겠군."이라고 하네요. 장풍쌤은 왜 비가 올 것이라고 예측했을까요?

단서
- 햇무리는 층운형 구름에서 관측할 수 있다.
- 한랭 전선에서는 적운형 구름이 생성된다.
- 온난 전선에서는 층운형 구름이 생성된다.

❶ 한랭 전선이 다가오고 있기 때문에

❷ 온난 전선이 다가오고 있기 때문에

한랭 전선 寒冷前線

寒 찰 한 冷 찰 랭 前 앞 전 線 줄 선

155

찬 공기가 따뜻한 공기를 밀면서 아래로 파고들 때 생기는 전선

성질이 다른 두 개의 기단이 만나는 경계면을 전선면이라고 합니다. 차가운 공기는 따뜻한 공기보다 무거워서 아래쪽으로 파고들게 되는데, 이때 두 공기가 만나는 경계면을 한랭 전선면이라 하고, 한랭 전선면이 지표면과 만나는 선을 한랭 전선이라고 합니다. 차가운 공기는 따뜻한 공기를 빠르게 파고들며 밀어 올리기 때문에 한랭 전선면의 기울기는 급하고 상승 기류도 매우 강하게 형성되지요. 이렇게 공기의 상승 운동이 활발해지면 적운형 구름이 만들어지고 강한 소나기와 천둥, 번개를 동반하기도 한답니다.

한랭 전선

▲▲▲▲▲

한랭 전선은 일기도에서 파란색 세모 모양으로 나타낸다.

온난 전선

溫 따뜻할 온 暖 따뜻할 난 前 앞 전 線 줄 선

156

따뜻한 공기가 찬 공기를 타고 오르면서 형성되는 전선

따뜻한 공기는 차가운 공기보다 가볍기 때문에 차가운 공기를 타고 위쪽으로 이동합니다. 이때 따뜻한 공기와 차가운 공기가 만나는 경계면을 온난 전선면이라 하고, 온난 전선면이 지표면과 만나는 선을 온난 전선이라고 합니다. 따뜻한 공기는 차가운 공기 위로 천천히 올라가기 때문에 온난 전선면의 기울기는 완만하고 공기의 상승 운동도 한랭 전선보다 활발하지 않습니다. 따라서 온난 전선에서는 층운형 구름이 만들어지고 넓은 지역에 이슬비가 내리죠.

층운형 구름의 한 종류인 권층운이 덮인 높은 하늘에서는 햇빛이 구름에 있는 얼음 결정*을 통과해 굴절하면서 햇무리태양 주변에 둥글게 나타나는 테두리가 나타난답니다.

온난 전선

온난 전선은 일기도에서 붉은색 반원 모양으로 나타낸다.

*결정(結 맺을 결 晶 밝을 정) : 원자나 분자가 규칙적이고 일정하게 배열되어 자유롭게 이동할 수 없는 물질

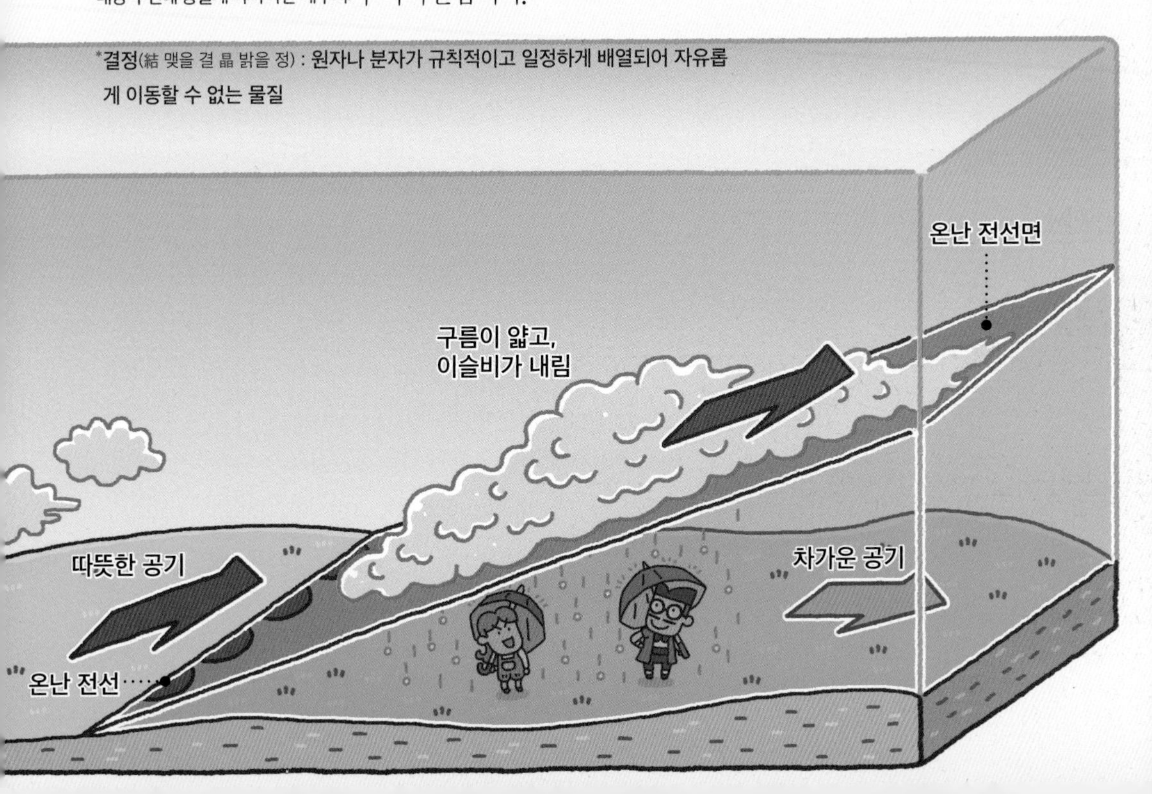

정리 좀 해볼게요

정답은? ❷ 온난 전선이 다가오고 있기 때문에

온난 전선에서는 층운형 구름이 만들어져요. 층운형 구름에는 권층운이 속한다고 배운 것 기억나죠? 권층운 속에 있는 얼음 결정에 의해 햇빛이 굴절되면 햇무리가 나타난답니다. 권층운은 비가 오기 전에 잘 관측되기 때문에 햇무리가 보이면 비가 올 징조라고 볼 수 있어요.

핵심은?

한랭 전선	온난 전선
• 차가운 공기가 따뜻한 공기 아래쪽으로 파고들 때 형성 • 전선면의 기울기가 급함 • 적운형 구름이 만들어지고 소나기가 내림	• 따뜻한 공기가 차가운 공기 위쪽으로 올라갈 때 형성 • 전선면의 기울기가 완만함 • 층운형 구름이 만들어지고 이슬비가 내림

"찬 공기가 파고들면서 따뜻한 공기를 밀어 올리므로
찬 공기가 주인공인 한랭 전선, 따뜻한 공기가 찬 공기 위로 슬그머니 상승하므로
따뜻한 공기가 주인공인 온난 전선! 한랭 전선 뒤에서는 소나기가 내리고,
온난 전선 앞에서는 이슬비가 내린다는 것을 기억하자!"

풍미니는 어떤 사진을 골라야 할까요?

난이도 ★★★

Q 풍마니는 풍미니에게 두 개의 사진을 보여 주고 "우리나라에 태풍이 오고 있는 사진을 골라 봐."라며 퀴즈를 냈습니다. 풍미니는 어떤 사진을 골라야 할까요?

단서
- 태풍은 태풍의 눈을 가지고 있다.
- 우리나라의 봄과 가을철에는 온대 저기압이 형성된다.

❶ 왼쪽 사진　❷ 오른쪽 사진

온대 저기압 溫 따뜻할 온 帶 근처 대 157

중위도 지역에서 따뜻한 공기와 차가운 공기가 만나서 발생하는 저기압

우리나라와 같은 중위도 지역은 북쪽의 찬 기단과 남쪽의 따뜻한 기단이 만나 한랭 전선과 온난 전선이 함께 나타나는 온대 저기압이 자주 발생합니다. 온대 저기압은 우리나라의 봄과 가을철에 자주 나타나죠.

우리나라는 편서풍*의 영향으로 온대 저기압이 서쪽에서 동쪽으로 이동하기 때문에 온난 전선이 먼저 통과하고 한랭 전선이 나중에 통과해요. 따라서 온대 저기압이 이동할 때 온난 전선이 통과하면서(C → B) 기온이 높아지고, 한랭 전선이 통과하면서(B → A) 기온이 다시 낮아진답니다.

*편서풍(偏 치우칠 편 西 서쪽 서 風 바람 풍) : 중위도 지역에서 서쪽에서 동쪽으로 부는 바람

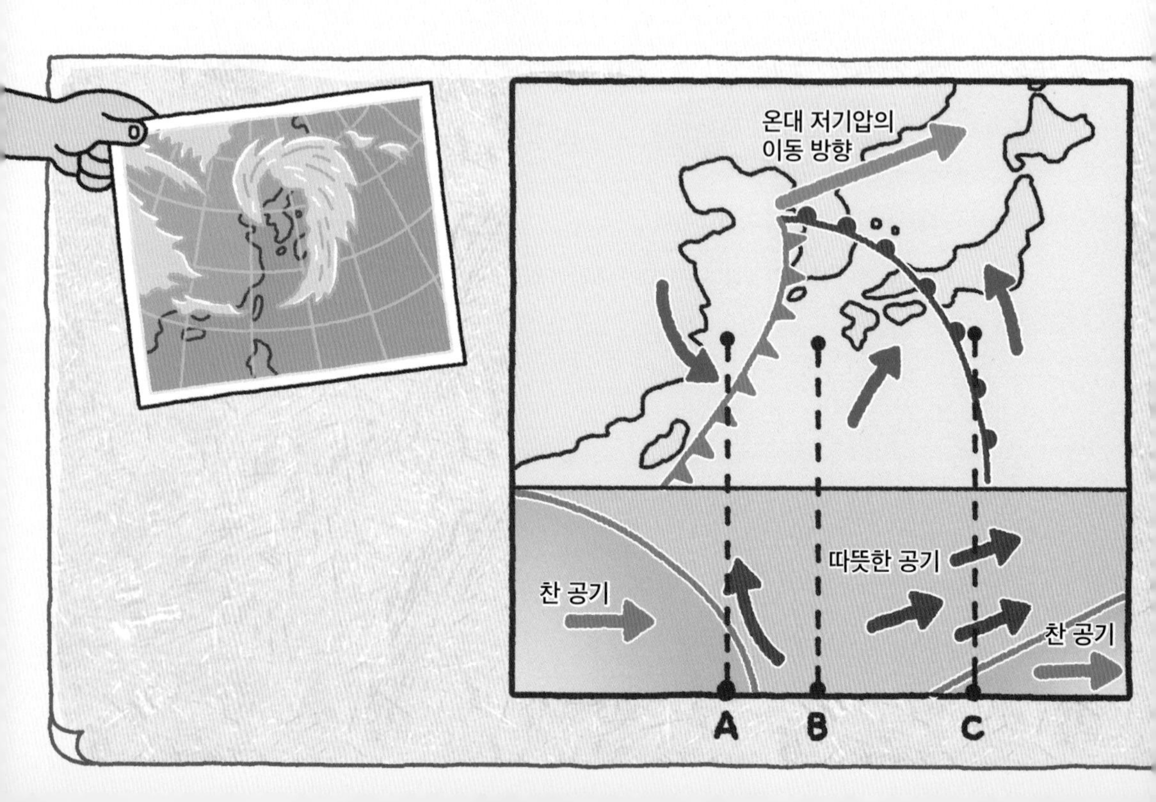

열대 저기압

熱 더울 열 帶 근처 대

158

수온이 약 27℃ 이상인 열대 해상에서 발생하는 저기압

우리나라 여름철에 찾아오는 태풍은 저위도의 열대 해상으로부터 열과 수증기를 공급받아 발생하는 열대 저기압입니다. 온대 저기압과 달리 전선을 동반하지 않죠. 열대 해상으로부터 열과 수증기를 공급받아 데워진 공기는 위로 올라가고 아래쪽에 생긴 빈 공간에 주변의 차가운 공기가 회전하며 중심 방향으로 더 몰리게 되죠. 이 과정이 반복되면 거대한 구름 덩어리가 소용돌이치면서 강한 풍속을 갖는 태풍이 된답니다.

태풍의 중심에서는 약한 하강 기류가 나타나기 때문에 구름이 사라져 날씨가 맑고 약한 바람이 부는 곳이 있어요. 이곳을 '태풍의 눈'이라고 부르죠. 태풍은 발생 초기에는 저위도에서 무역풍*의 영향을 받아 북서쪽으로 이동하다가 중위도에서는 편서풍의 영향을 받아 북동쪽으로 이동합니다.

*무역풍(貿 무역할 무 易 바꿀 역 風 바람 풍) : 저위도 지역에서 동쪽에서 서쪽으로 부는 바람

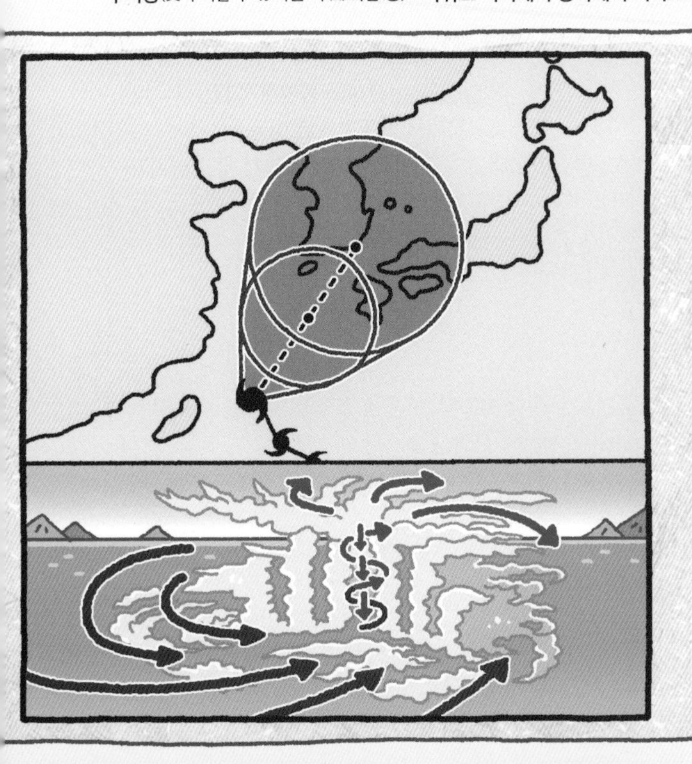

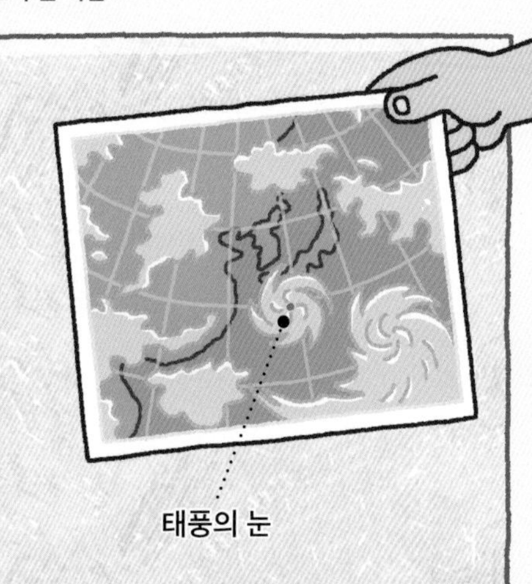

정리 좀 해볼게요

정답은? ❷ 오른쪽 사진

열대 저기압(태풍)은 거대한 구름 덩어리가 소용돌이치면서 강한 풍속을 일으키는 것이랍니다. '태풍의 눈'이라 불리는 태풍의 중심 부분은 바람이 불지 않고 맑고 고요한 상태를 유지하고 있죠. 풍미니가 들고 있는 사진에서 태풍의 눈이 보이시나요?

핵심은?

온대 저기압	열대 저기압(태풍)
• 중위도 지역에서 발생하는 한랭 전선과 온난 전선을 동반한 저기압 • 서쪽에서 동쪽으로 이동 • 온난 전선이 통과하면 기온이 높아지고, 한랭 전선이 통과하면 기온이 낮아짐	• 열대 해상으로부터 열과 수증기를 공급받아 발생하는, 전선을 동반하지 않는 저기압 • 북서쪽에서 북동쪽으로 이동 • 태풍의 중심에는 바람이 불지 않고 날씨가 맑은 태풍의 눈이 있음

"우리나라의 봄과 가을에 영향을 미치는 온대 저기압, 여름에 영향을 미치는 열대 저기압!
온대 저기압은 중위도에서 발생하여 서에서 동으로 이동하고,
열대 저기압은 저위도에서 발생하여 포물선 궤도를 그리며 고위도로 이동한다는 것!
같은 저기압이지만 둘을 잘 구분하도록 하자!"

귀신의 속도는 어떻게 변하고 있을까요?

난이도 ★★★

Q 풍마니는 공원에서 모션 촬영 방법으로 사진을 찍었습니다. 그런데 풍마니 뒤에 움직이는 귀신 모습이 찍힌 것 같아요. 깜짝 놀랐지만 이때를 놓치지 않고 진지하게 사진을 분석하는 풍's 패밀리. 사진에 찍힌 귀신의 속도는 어떻게 변하고 있는 걸까요?

단서
- 사진은 일정한 시간 간격으로 찍힌 것이다.
- 사진에 찍힌 귀신 모습의 간격이 점점 넓어지고 있다.
- 사진에 찍힌 귀신 모습의 간격으로 이동하는 속도를 알 수 있다.

❶ 점점 빨라진다.

❷ 점점 느려진다.

시간기록계

159

일정한 시간 간격으로 종이테이프에 타점을 찍어 속도를 기록하는 장치

시간기록계는 일정한 시간 간격으로 종이테이프에 타점을 찍어 물체가 이동하는 속도를 기록하는 장치입니다. 종이테이프에 기록된 타점 사이의 간격을 통해 물체의 속도와 속도 변화를 알 수 있죠. 시간기록계에서 타점이 찍히는 시간 간격과 타점 사이의 간격을 측정하면 물체의 운동 속도를 구할 수 있어요. 타점을 찍는 시간 간격은 일정하기 때문에 타점 사이의 간격이 넓을수록 물체의 속도가 빠르고, 좁을수록 물체의 속도가 느리죠.

시간기록계로 측정한 등가속도 운동

운동 방향 →

처음 타점

속도가 빨라지므로, 타점 사이의 간격이 점점 넓어진다.

$$\frac{\text{타점 사이의 간격}}{\text{타점을 찍는 시간 간격}} = \text{물체의 운동 속도}$$

1권에서 등속 직선 운동과 등가속도 운동에 대해서 배웠었죠? 등속 직선 운동을 하는 물체는 타점 사이의 간격이 일정하죠. 속도가 점점 빨라지는 등가속도 운동을 하는 물체는 타점 사이의 간격이 점점 넓어지고, 반대로 속도가 점점 느려지는 등가속도 운동을 하는 물체는 타점 사이의 간격이 점점 좁아진답니다.

다중 섬광 사진

160

물체의 움직임을 일정한 시간 간격으로 사진을 찍어 한 장에 기록한 것

다중 섬광 사진은 운동하고 있는 물체를 일정한 시간 간격으로 사진을 찍어 한 장에 기록한 사진입니다. 시간기록계와 마찬가지로 일정한 시간 간격으로 사진을 찍기 때문에 기록된 물체 사이의 간격을 통해 물체의 속도와 속도 변화를 알 수 있죠. 물체가 찍힌 간격이 넓을수록 운동 속도가 빠르고, 좁을수록 운동 속도가 느려요. 따라서 간격이 일정할 경우 속도가 일정한 운동, 점점 넓어질 경우 속도가 빨라지는 운동, 점점 좁아질 경우 속도가 느려지는 운동을 하는 것임을 알 수 있답니다.

시간기록계와 다중 섬광 사진은 물체의 운동을 분석할 때 처음과 마지막 기록을 해석하는 방식이 반대이기 때문에 주의해야 합니다. 시간기록계는 첫 타점이 물체의 운동 방향에 위치하지만, 다중 섬광 사진의 경우 마지막 모습이 물체의 운동 방향에 위치하는 것에 주의해야 해요.

다중 섬광 사진으로 촬영한 등가속도 운동

운동 방향

처음 찍힌 모습

속도가 빨라지므로, 물체가 찍힌 간격이 점점 넓어진다.

정리 좀 해볼게요

정답은? ❶ 점점 빨라진다.

풍마니는 모션 촬영 방법으로 사진을 찍었어요. 그래서 일정한 시간 동안 물체의 움직임을 사진으로 기록할 수 있죠. 귀신의 간격이 점점 넓어지고 있는 것으로 보아 속도가 빨라지는 것을 알 수 있어요. 아무래도 귀신의 정체는 풍미니인 것 같아요.

핵심은?

시간기록계	다중 섬광 사진
• 일정한 시간 간격으로 종이테이프에 타점을 찍어 물체의 이동을 기록하는 장치 • 타점 사이의 간격이 넓을수록 물체의 속도가 빠르고 좁을 수록 느림 • 첫 타점이 물체의 운동 방향에 위치	• 운동하는 물체를 일정한 시간 간격으로 사진을 찍어 한 장에 기록하는 것 • 물체가 찍힌 간격이 넓을수록 운동 속도가 빠르고 좁을수록 느림 • 물체의 마지막 모습이 운동 방향에 위치

" 시간기록계에 찍힌 타점과 다중 섬광 사진으로 촬영한 사진의 공통점! 바로 타점과 사진의 간격을 통해서 일정한 시간 동안 물체가 이동한 속도를 알 수 있다는 거야! 속도가 빨라지면 타점이나 사진 사이의 간격이 넓어지고, 속도가 느려지면 간격이 좁아진다는 것! 꼭 이해하자~ "

버스가 출발하면 풍마니, 풍슬이의 몸은 어떻게 될까요?

난이도 ★★★

Q 버스를 타고 학교에 가고 있던 풍마니와 풍슬이. 버스가 갑자기 멈춰서자 풍마니와 풍슬이의 몸이 앞으로 쏠렸어요. 멈춰선 버스가 다시 출발하면 풍마니와 풍슬이의 몸은 어떻게 될까요?

단서
- 정지해 있던 물체는 계속 정지해 있으려고 한다.
- 운동하던 물체는 계속 운동하려고 한다.

❶ 몸이 앞쪽으로 쏠린다.

❷ 몸이 뒤쪽으로 쏠린다.

정지 관성

停 머무를 정 止 그칠 지 慣 익숙할 관 性 성질 성

161

정지해 있는 물체에 작용하는 관성

관성은 물체가 외부로부터 힘을 받지 않을 때 처음의 상태를 그대로 유지하려는 성질을 말합니다. 그중에서도 가만히 정지해 있는 물체가 외부에서 힘을 받지 않으면 정지한 상태를 계속 유지하려고 하는 것을 정지 관성이라고 하죠. 물체의 질량이 크면 클수록 정지 관성도 크게 작용해요.

예를 들어 멈춰 있던 버스가 갑자기 출발하면 버스 안에 있던 사람들은 계속 그 자리에 정지해 있으려는 성질 때문에 몸이 뒤쪽으로 쏠리게 됩니다. 또 식탁보가 덮인 식탁 위에 컵이 가만히 놓여 있을 때, 식탁보를 힘껏 잡아당기면 식탁 위에 있던 컵은 그 자리에 정지해 있으려는 성질 때문에 움직이지 않고, 식탁보만 빼낼 수 있지요.

정지 관성

힘껏 종이를 잡아당기면 동전은 그 자리에 정지해 있으려는 성질 때문에 아래로 떨어진다.

운동 관성 運 動 慣 性

옮길 운 움직일 동 익숙할 관 성질 성

162

운동하고 있는 물체에 작용하는 관성

움직이는 물체가 움직이는 방향으로 계속 운동하는 상태를 유지하려고 하는 것을 운동 관성이라고 합니다. 정지 관성과 마찬가지로 물체의 질량이 크면 운동 관성도 크게 작용하죠. 예를 들어 앞으로 가고 있던 버스가 갑자기 멈추면 버스 안에 있던 사람들은 계속 앞으로 움직이려는 성질 때문에 몸이 앞으로 쏠리게 된답니다. 또 달리기를 하다가 돌부리에 걸리게 되면 발은 멈추게 되지만 몸은 앞으로 움직이려고 하기 때문에 넘어질 수 있어요.

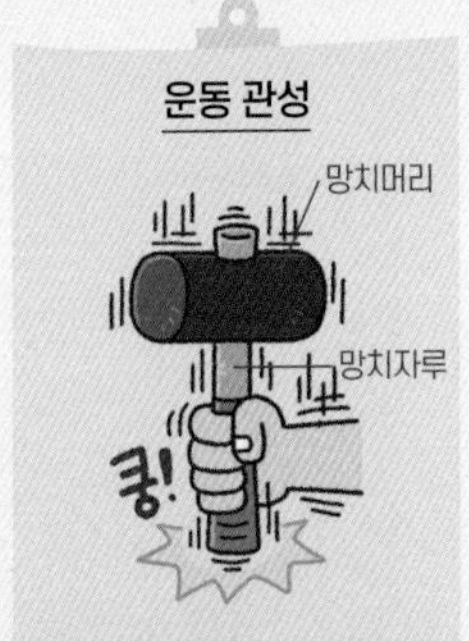

망치자루를 바닥에 치면 망치머리는 아래로 운동하려는 성질 때문에 망치자루에 고정된다.

정리 좀 해볼게요

정답은? ❷ 몸이 뒤쪽으로 쏠린다.

정지해 있는 물체는 계속 정지한 상태를 유지하려고 하죠. 따라서 멈춘 버스 안에 타고 있는 풍마니와 풍슬이에게는 계속 정지해 있으려는 정지 관성이 작용하고 있어요. 그러다가 갑자기 버스가 출발하면 정지 관성 때문에 풍마니와 풍슬이의 몸이 뒤쪽으로 쏠리게 된답니다.

핵심은?

정지 관성	운동 관성
• 정지한 물체가 계속 정지 상태를 유지하려는 성질 • 질량이 클수록 크게 작용 • 멈춰있던 버스가 갑자기 출발하면 몸이 뒤쪽으로 쏠림	• 운동하는 물체가 계속 운동 상태를 유지하려는 성질 • 질량이 클수록 크게 작용 • 달리던 버스가 갑자기 멈추면 몸이 앞쪽으로 쏠림

> 정지해 있는 물체가 계속 정지해 있으려는 성질을 정지 관성,
> 운동하는 물체가 계속 운동 상태를 유지하려는 성질을 운동 관성!
> 정지 관성과 운동 관성의 실생활 예를 구분지어 이해하도록 하자!

사과나무에 매달린 사과는 어떤 상태일까요?

난이도 ★★★

Q 풍식이는 사과나무 밑에 누워있습니다. 풍식이는 나무에 매달린 사과를 보며 사과의 상태에 대한 생각에 빠졌는데요. 과연 사과는 어떤 상태일까요?

단서
- 지구에 있는 모든 물체에는 중력이 작용하고 있다.
- 어떤 물체가 가진, 일을 할 수 있는 능력을 에너지라고 한다.

❶ 매달려 있기 때문에 아무 힘이 작용하지 않는다.

❷ 지구가 사과를 잡아당기는 중력이 작용한다.

힘

163

물체의 모양이나 운동 상태가 변하도록 작용하는 것

'장풍쌤은 큰 힘을 가지고 있다.' 또는 '장풍쌤은 오늘 운동을 많이 해서 힘이 든다.'라고 말하면 우리는 POWER! 힘, 또는 권력과 같은 뜻으로 이해할 수 있죠. 그러나 과학에서 의미하는 힘은 우리가 일상생활에서 사용하는 힘의 의미와는 다르답니다.

과학에서는 '장풍쌤이 책상을 밀었다.', '장풍쌤이 의자를 들었다.'와 같이 어떤 두 대상이 상호 작용할 때 '힘'이라는 용어를 사용해요. 즉, 물체의 모양을 변화시키거나 물체의 운동 상태가 변하는 데에 작용하는 것을 '힘'이라고 말하죠. 힘에는 중력, 탄성력, 마찰력, 부력 등이 있어요.

힘의 크기는 N뉴턴이라는 단위를 사용하여 나타내요. 힘은 크기와 방향을 가지고 있고, 물체에 작용하는 힘의 크기가 클수록 물체의 모양, 운동 방향, 빠르기의 변화가 크게 나타나죠.

에너지

164

어떤 물체가 일을 할 수 있는 능력

일상생활에서 일은 '장풍쌤은 일(작업)을 하고 있다.', '오늘 일을 열심히 했더니 머리가 아파.'와 같이 무엇을 이루기 위해 하는 정신적 활동이나 인간의 활동 모두를 포함하는 말이죠. 하지만 과학에서는 물체에 힘이 작용하여 작용한 힘의 방향으로 물체가 이동했을 때 '일을 했다.'라고 표현합니다. 이처럼 어떤 물체가 일을 할 수 있는 능력을 '에너지'라고 해요. 어떤 물체가 에너지를 가지고 있으면 과학에서 말하는 일을 할 수 있는 것이죠.

에너지의 중요한 특징은 한 에너지가 다른 형태의 에너지로 전환될 수 있다는 점입니다. 하지만 에너지 전체의 양은 변하지 않아요. 이러한 법칙을 에너지 보존 법칙이라고 하죠. 이런 에너지는 J줄이라는 단위를 사용하여 나타냅니다.

예를 들어 선풍기에 전기 에너지를 공급해주면 선풍기의 모터가 돌아가면서 날개가 돌아가는 역학적 에너지나 이 과정에서 발생하는 열에너지, 선풍기가 돌아갈 때 나는 소리 에너지 등으로 전환되지요. 이때 공급된 전기 에너지의 양은 전환된 역학적 에너지, 열에너지, 소리 에너지 등을 모두 더한 에너지의 양과 같습니다.

공급된 전기 에너지의 양 = 역학적 에너지의 양 + 열에너지의 양 + 소리 에너지의 양

정리 좀 해볼게요

정답은? ❷ 지구가 사과를 잡아당기는 중력이 작용한다.

우리 주변에는 과학에서 말하는 힘이 아주 많이 작용하고 있답니다. 과학에서 말하는 힘은 어떤 두 대상이 서로 상호 작용하는 것! 나무에 가만히 매달려 있는 사과에도 지구가 사과를 잡아당기는 중력이라는 힘이 작용하고 있어요.

핵심은?

힘	에너지
• 물체의 모양을 변화시키거나, 운동 상태를 변화시키는 데 작용하는 것 • 크기와 방향을 가짐 • 단위 : N뉴턴	• 어떤 물체가 일을 할 수 있는 능력 • 에너지의 형태가 전환되어도 전체 에너지의 양이 변하지 않는 에너지 보존 법칙을 따름 • 단위 : J줄

“ 힘과 에너지는 전혀 다른 물리량이야~
모양과 운동 상태 변화의 원인인 힘의 단위는 N(뉴턴),
일을 할 수 있는 능력인 에너지의 단위는 J(줄).
그리고 에너지는 다른 형태의 에너지로 전환될 수 있다는 점! 명심하자! ”

장풍쌤이 말한 ○○ 에너지는 무엇일까요?

난이도 ★★☆

Q 빨간 신호등에 달리던 자동차들이 멈춰 서고 있습니다. A 자동차는 천천히 달리다가 정지선 뒤에 멈췄는데, 빠르게 달리던 B 자동차는 정지선을 한참 벗어나서 멈췄어요. 이를 본 장풍쌤은 "B 자동차의 ○○ 에너지가 더 커."라고 했습니다. 과연 장풍쌤이 말한 ○○ 에너지는 무엇일까요?

단서
- 위치 에너지는 물체의 위치에 따라 그 크기가 다르다.
- 운동 에너지는 물체의 속력에 따라 그 크기가 다르다.

❶ 위치　　❷ 운동

위치 에너지 位 자리 위 置 둘 치 165

물체의 상대적인 위치에 의해 결정되는 에너지

위치 에너지는 물체의 위치에 따라 바뀌는 에너지입니다. 지구에는 중력이 작용한다는 것을 1권에서 배웠죠? 지구로부터, 즉 지표면으로부터 떨어진 물체의 높이와 질량에 따라서 중력이 다르게 작용하죠. 위치 에너지는 중력의 영향을 받기 때문에 물체의 질량과 높이에 따라 가지고 있는 에너지의 양이 달라지는 거예요. 그래서 위치 에너지의 크기는 물체의 질량이 클수록, 높이가 높을수록 커지죠. 위치 에너지도 에너지이기 때문에 J줄의 단위로 표현해요. 더 자세히 말하면 위치 에너지는 물체의 무게와 기준면으로부터 물체의 높이를 곱해서 나타낸답니다. 그래서 기준면을 어디에 두는지에 따라 위치 에너지의 크기가 달라져요. 위치 에너지는 다음과 같은 공식으로 구할 수 있어요.

$$\text{위치 에너지(J)} = 9.8(\text{m/s}^2)^* \times \text{질량(kg)} \times \text{높이(m)}$$

*9.8m/s²(중력 가속도) : 중력의 작용으로 생기는 가속도로, '9.8×물체의 질량'은 무게와 같음

운동 에너지 運 옮길 운 動 움직일 동 166

운동하는 물체가 가진 에너지

운동 에너지는 움직이고 있는 물체가 가지고 있는 에너지를 말합니다. 운동 에너지도 위치 에너지와 마찬가지로 J줄이라는 단위를 사용하지요. 운동 에너지는 다음과 같은 공식으로 구할 수 있어요.

$$\text{운동 에너지(J)} = \frac{1}{2} \times \text{질량(kg)} \times (\text{속력})^2(\text{m/s})^2$$

따라서 물체의 질량과 속력이 클수록 운동 에너지도 크답니다. 예를 들어, 쇼트트랙 경기에서 한 선수가 다른 선수를 밀어줄 때를 생각해 봅시다. 이 때 뒤에서 밀어주는 힘이 클수록 앞 선수가 빠르게 달려 나갈 수 있겠죠? 스케이트를 빠르게 탈수록 운동 에너지가 커지기 때문에 밀어주는 선수는 스케이트를 빠르게 타야해요.

위치 에너지와 운동 에너지는 서로 전환이 가능해요. 높은 곳에 정지해 있는 물체의 경우 위치 에너지를 가지고 있지만, 움직이지 않기 때문에속력이 0이기 때문에 운동 에너지는 가지고 있지 않죠. 하지만 이 물체가 아래로 떨어진다면, 높이가 점점 감소하기 때문에 위치 에너지는 감소해요. 이때 감소한 위치 에너지는 운동 에너지로 전환되어 속력이 점점 증가하면서 바닥에 닿을 때까지 아래로 떨어지는 것이랍니다.

정리 좀 해볼게요

정답은? ❷ 운동

달리는 자동차는 운동 에너지를 가지고 있어요. 그러다 빨간불에 갑자기 멈추게 되면 운동 에너지 때문에 바로 멈추지 못하고 밀려 나가게 돼요. 이때 빠르게 달리고 있던 자동차일수록 큰 운동 에너지를 가지고 있기 때문에 더 멀리 밀려 나가게 된답니다.

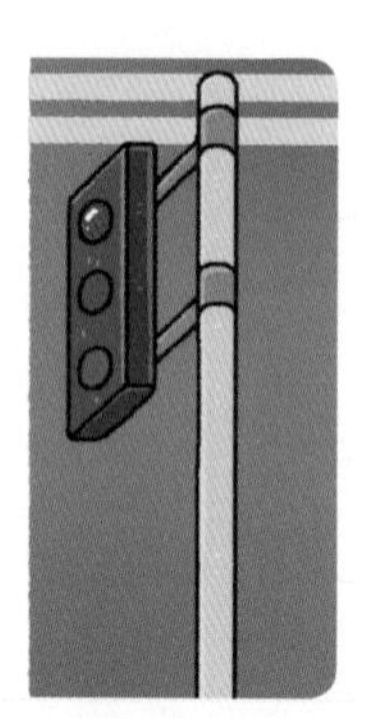

핵심은?

위치 에너지	운동 에너지
• 위치에 따라 물체가 갖는 에너지 • 물체의 질량이 클수록, 높이가 높을수록 위치 에너지의 크기가 큼 • 단위 : J줄 • $9.8(m/s^2)$×질량(kg)×높이(m)	• 운동하는 물체가 갖는 에너지 • 물체의 속력과 질량이 클수록 운동 에너지의 크기가 큼 • 단위 : J줄 • $\frac{1}{2}$×질량(kg)×(속력)^2(m/s)^2

> 위치 에너지는 물체의 질량과 높이에 비례하고,
> 운동 에너지는 질량과 속력의 제곱에 비례해!
> 높은 곳에서 아래로 떨어지는 물체의 위치 에너지는 운동 에너지로 전환되고,
> 위로 올라가는 물체의 운동 에너지는 위치 에너지로 전환돼! 머리가 빙글빙글. @.@

파란색 원이 사라지는 까닭은 무엇일까요?

난이도 ★★★

풍's 패밀리는 눈에 대해 배우고 있습니다. 왼쪽 눈을 감고 오른쪽 눈으로 검은색 점을 보며 고개를 뒤로 움직이다 보면 어느 순간 파란색 원이 보이지 않습니다. 과연 파란색 원이 사라지는 까닭은 무엇일까요? 직접 해보며 맞춰보세요.

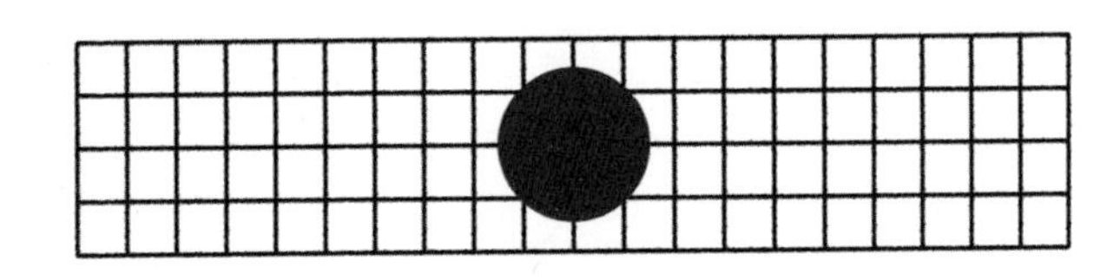

순서

- 왼쪽 눈을 감고 오른쪽 눈의 초점을 왼쪽 검은색 점에 맞춘다.
- 머리를 천천히 뒤로 움직이며 책에서 멀어진다.
- 어떤 지점에 이르면 오른쪽 파란색 원이 사라진다.

❶ 시력이 나빠져서

❷ 상이 맹점에 맺혀서

맹점 盲 點

눈멀 맹 점 점

167

망막에 시각 세포가 존재하지 않아 물체의 상이 맺히지 않는 곳

우리의 눈은 여러 층의 막으로 싸여있습니다. 그중 눈의 가장 안쪽에 있고, 여러 시각 신경과 세포들이 존재하여 상이 맺히는 곳을 망막이라고 합니다. 빛이 들어와 망막에 상이 맺히면 시각 신경과 세포를 통해 상이 뇌로 전달되어 우리는 물체를 볼 수 있는 것이죠.

맹점은 망막의 일부분으로, 시각 세포가 존재하지 않아서 물체의 상이 맺히지 않는 곳을 말합니다. 하지만 평소에 우리는 맹점을 잘 느끼지 못하죠? 왜냐하면 눈이 두 개이기 때문이에요. 상이 왼쪽 눈의 맹점에 맺혀도 오른쪽 눈의 맹점에는 맺히지 않고 보완해 주기 때문에 그 상을 볼 수 있는 것이죠.

황반 黃 누를 황 斑 얼룩 반

168

망막에 시각 세포가 밀집되어 상이 맺히는 곳

황반은 망막의 일부분으로, 시각 세포가 가장 많이 분포하고 있는 곳입니다. 빛을 가장 선명하고 정확하게 받아들이기 때문에 황반에 상이 맺히면 가장 뚜렷하게 볼 수 있죠. 황반은 망막의 가운데에 위치해 있고, 노란색의 원 모양을 하고 있기 때문에 노란색 반점이라는 뜻의 '황반'이라는 이름이 붙여졌답니다.

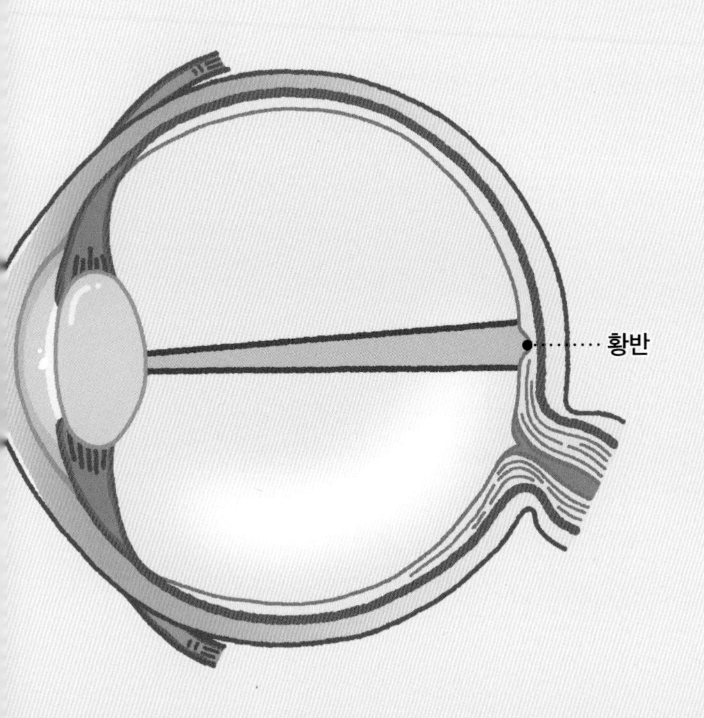

정리 좀 해볼게요

정답은? ❷ 상이 맹점에 맺혀서

파란색 원이 사라지는 순간을 찾았나요? 실제로 원이 사라진 것이 아니라 맹점에 상이 맺히면서 사라졌다고 착각하는 것이랍니다. 만약 한쪽 눈을 감지 않고 두 눈을 뜨고 있었다면 양쪽 눈이 서로 보완해주기 때문에 파란색 원은 사라지지 않을 거예요.

핵심은?

맹점	황반
• 시각 세포가 존재하지 않아 물체의 상이 맺히지 않는 곳 • 눈은 두 개이기 때문에 평소에는 맹점을 잘 느끼지 못함	• 시각 세포가 많이 분포하고 있어 가장 뚜렷하게 보이는 곳 • 노란색의 원 모양

“시각 세포를 통해 상이 뇌로 전달되어 우리는 물체를 볼 수 있어~
시각 세포의 밀도가 높은 곳이 황반, 시각 세포가 없는 곳이 맹점이지!
보는 각도가 달라지면 수정체에서 빛이 굴절되는 정도가 달라져서
내가 보는 모습의 상이 황반이나 맹점에 맺힐 수 있어~”

장풍쌤의 홍채와 섬모체는 어떻게 해야 할까요?

난이도 ★★☆

Q 영화를 보러간 장풍쌤. 밝은 곳에 있다가 어두운 영화관에 들어가자 장풍쌤의 눈 속에 있는 홍채와 섬모체가 분주해졌는데요. 어두운 영화관에서 멀리 있는 스크린의 영화를 볼 때 홍채와 섬모체는 어떻게 행동해야 할까요?

단서
- 영화관은 어둡기 때문에 최대한 많은 빛이 눈으로 들어와야 한다.
- 멀리 있는 화면을 보기 위해서는 수정체의 두께가 변해야 한다.

❶ 커튼을 걷고, 줄을 잡아당긴다.

❷ 커튼을 치고, 줄을 놓는다.

원근 조절 遠 近 調 節

멀 원 가까울 근 조절할 조 마디 절

169

물체의 거리에 따라 상이 잘 맺히도록 조절하는 것

수정체는 눈 안쪽에 있는 투명하고 양쪽으로 볼록한 렌즈 형태를 한 조직이에요. 빛은 우리 눈으로 들어올 때 수정체에서 굴절되어 들어옵니다. 이때 수정체의 두께에 따라 굴절되는 정도가 달라지죠. 따라서 멀리 있거나 가까이 있는 물체를 볼 때 우리의 눈은 수정체의 두께를 조절해 초점을 맞춰요. 이러한 현상을 원근 조절이라고 합니다.

수정체는 섬모체라고 부르는 근육이 붙잡고 있어요. 먼 곳의 물체를 볼 때는 섬모체가 이완느슨하게 풀어짐하여 수정체가 얇아지고, 가까운 곳의 물체를 볼 때는 섬모체가 수축하여 수정체가 두꺼워져서 물체의 상이 망막에 정확하게 맺힐 수 있도록 도와줘요. 만약 섬모체가 제대로 움직이지 않아서 수정체의 두께를 조절하지 못한다면 망막에 상이 정확히 맺히지 않아 물체를 뚜렷하게 볼 수 없답니다.

명암 조절

明 밝을 명 | 暗 어두울 암 | 調 조절할 조 | 節 마디 절

170

밝고 어두운 환경에 따라 눈으로 들어오는 빛의 양을 조절하는 것

빛은 우리 눈으로 들어올 때 동공을 통과해서 들어와요. 동공은 홍채라는 막으로 둘러싸여 있는데, 빛이 들어오는 창문의 커튼을 열었다 닫았다 하면서 밝기를 조절하는 것처럼 홍채의 넓이를 조절하여 동공으로 들어오는 빛의 양을 조절합니다. 이를 명암 조절이라고 하지요.

밝은 곳에 있다가 어두운 곳에 가면 눈으로 들어오는 빛의 양이 많이 필요해요. 그래서 홍채가 수축하며 동공이 확대되죠. 반대로 어두운 곳에 있다가 밝은 곳에 가면 눈으로 들어오는 빛의 양이 조금만 있어도 된답니다. 그래서 홍채가 이완하며 동공이 축소돼요.

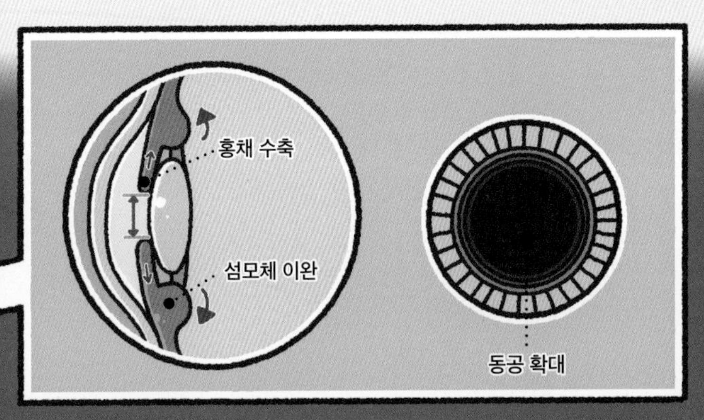

어두운 곳에서 먼 물체를 볼 때

정리 좀 해볼게요

정답은? ❶ 커튼을 걷고, 줄을 잡아당긴다.

영화관에서 멀리 있는 스크린을 보기 위해서는 정확한 곳에 초점이 맺히도록 섬모체가 이완되어 수정체가 얇아져야 해요. 또 어두운 곳이기 때문에 최대한 많은 빛이 눈으로 들어오게 하기 위해서 홍채가 수축하여 동공이 확대되어야 한답니다.

핵심은?

원근 조절	명암 조절
• 물체의 거리에 따라 상이 잘 맺히도록 조절하는 것 • 먼 곳을 볼 때 : 섬모체 이완, 수정체 얇아짐 • 가까운 곳을 볼 때 : 섬모체 수축, 수정체 두꺼워짐	• 밝고 어두운 환경에 따라 눈으로 들어오는 빛의 양을 조절하는 것 • 어두운 곳 : 홍채 수축, 동공 확대 • 밝은 곳 : 홍채 이완, 동공 축소

“ 멀고 가까움을 조절해주는 섬모체!
멀리 보니 섬이 얇수~! (섬모체 이완, 얇아진 수정체),
밝고 어두움을 조절해 주는 홍채! 밝은 곳에 가니 홍확동축!(홍채 확장, 동공 축소)
이렇게 암기를 해보자~ 다 같이 따라해 봐! 섬이 얇수~ 홍확동축! ”

풍미니가 계속 어지러운 까닭은 무엇일까요?

난이도 ★★★

Q 풍미니는 코끼리 코를 하고 빙글빙글 돌고 있습니다. 날렵한 풍미니는 어지럽지 않다며 자신만만하네요. 하지만 장풍쌤은 그런 풍미니가 걱정됩니다. 결국 어지러움을 참지 못하는 풍미니. 멈췄는데도 풍미니가 계속 어지러운 까닭은 무엇일까요?

단서
- 귓속에는 몸의 회전과 기울어짐을 인식하는 반고리관과 전정 기관이 있다.
- 반고리관과 전정 기관에는 림프액이라는 액체가 차 있다.

❶ 반고리관이 회전하고 있어서

❷ 반고리관 속 림프액이 회전하고 있어서

반고리관

171

몸이 회전하는 것을 느끼는 기관

귀는 소리를 들을 뿐만 아니라, 몸의 회전과 균형을 느끼고 평형을 유지할 수 있도록 도와주는 감각 기관이에요. 귀는 크게 외이, 중이, 내이로 구분할 수 있죠. 그 중에서 가장 안쪽에 있는 내이에는 우리 몸의 회전 운동을 느끼는 반고리관이 있어요. 반고리관은 반고리 모양인 3개의 관이 서로 직각으로 위치하고 있답니다. 그래서 우리의 몸이 어느 방향으로 회전하더라도 그 방향을 알 수 있어요.

반고리관 안에는 림프액이라고 하는 액체가 차 있습니다. 우리 몸이 회전하면 림프액도 회전하면서 반고리관 안에 있는 감각털을 움직이게 하죠. 감각털 아래에는 감각 신경이 있기 때문에 감각털이 움직이면 감각 신경이 몸이 회전한다는 감각을 뇌에 전달하여 우리가 회전한다는 것을 느낄 수 있는 것입니다. 만약 몸이 회전하다가 갑자기 멈춰도 반고리관 속에 있는 림프액은 계속 회전하려는 관성이 작용하기 때문에 어지럼증을 느끼는 거예요.

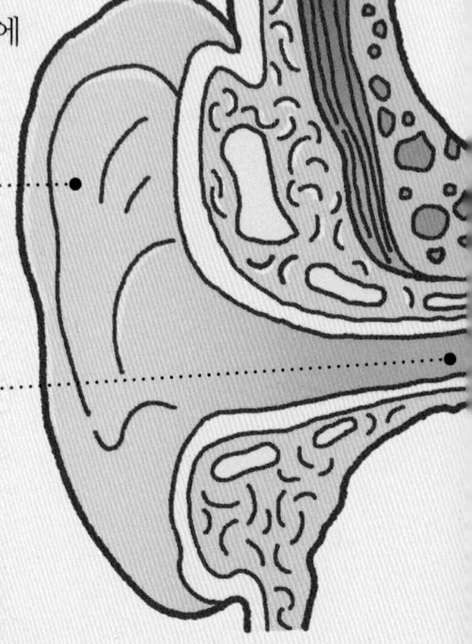

전정 기관

172

몸이 기울어지는 것을 느끼는 기관

전정 기관은 반고리관에 연결되어 있고, 몸이 기울어지는 것을 느끼는 감각 기관입니다.
전정 기관의 안에는 감각 세포와 연결된 감각털 위에 '이석'이라고 부르는 작은 돌이 놓여 있어요. 우리 몸이 기울어질 때 이 작은 돌이 움직이면서 감각 세포를 자극하여 몸이 기울어지는 것을 느낀답니다. 그런데 만약 이 이석이 제자리로 돌아가지 않고 떨어져 나온다면 머리를 살짝만 움직여도 심한 어지럼증을 느낄 수 있어요. 이런 증상을 이석증이라고 한답니다.

몸의 기울어짐
감각털
이석

반고리관 : 몸이 회전하는 자극을 받아들이는 곳
전정 기관 : 몸이 기울어지는 자극을 받아들이는 곳
달팽이관 : 청각 세포가 분포해 소리 자극을 받아들이는 곳
고막 : 소리에 의해 진동하는 얇은 막

정리 좀 해볼게요

정답은? ❷ 반고리관 속 림프액이 회전하고 있어서

우리 몸이 회전하는 것을 느낄 수 있는 건 귀 안에 반고리관이 있기 때문입니다. 반고리관 안에는 림프액이라고 하는 액체가 차 있어요. 회전하다가 갑자기 멈추게 되면 림프액은 계속 회전하려는 관성이 작용하기 때문에 어지럼증을 느낄 수 있답니다.

핵심은?

반고리관	전정 기관
• 몸이 회전하는 것을 느끼는 기관 • 반고리 모양인 3개의 관이 서로 직각으로 이루어져 있음 • 몸이 회전하면 림프액이 감각털을 움직이게 하여 회전하는 것을 느낌	• 몸이 기울어지는 것을 느끼는 기관 • 이석이라는 작은 돌이 있음 • 몸이 기울어지면 이석이 감각 세포를 자극하여 기울어지는 것을 느낌

“ 귀 안에 있는 기관이지만 청각이 아닌 평형 감각을 유지시켜 주는 반고리관과 전정 기관! 반고리관은 림프액의 관성에 의해서 회전을 느끼고, 전정 기관은 중력에 의한 이석의 움직임으로 기울어짐을 느껴! 우리 몸은 정말 작은 기관 하나하나가 모두 소중해~ ”

온탕의 온도를 다르게 느끼는 까닭은 무엇일까요?

난이도 ★★☆

Q 목욕탕에 간 풍's 패밀리. 풍마니는 열탕에서, 풍미니는 냉탕에서 놀고 있는데, 온탕에 있던 장풍쌤이 풍마니와 풍미니를 부릅니다. 풍마니는 쉽게 들어가지만 풍미니는 뜨거워서 들어가지 못하네요. 과연 풍마니와 풍미니가 온탕의 온도를 다르게 느끼는 까닭은 무엇일까요?

단서
- 사람이 느끼는 감각점에는 냉점과 온점 등이 있다.
- 풍마니는 뜨거운 열탕에서 온탕으로 들어왔다.
- 풍미니는 차가운 냉탕에서 온탕으로 들어왔다.

❶ 풍마니는 냉점, 풍미니는 온점을 많이 가지고 있기 때문이다.

❷ 냉점과 온점은 온도 변화를 느끼기 때문이다.

냉점 冷 차가울 냉 點 점 점

173

온도가 낮아지는 것을 느끼는 감각점

우리 피부 밑에는 다양한 감각점이 존재하고 있어요. 이러한 감각점을 통해 부드러움, 딱딱함, 차가움, 따뜻함, 아픔 등을 느낄 수 있죠. 이 중에서 온도의 변화를 느끼는 감각점을 냉점과 온점이라고 합니다.

냉점은 온도가 낮아질 때 차가움을 느끼는 감각점입니다. 즉, 10℃의 물에 손을 넣었을 때 차갑다고 느끼는 것은 그 온도가 실제로 차갑기 때문이 아니라 실온(약 25℃)에 있던 우리의 손이 비교적 온도가 낮아졌다고 느꼈기 때문에 차갑다고 느끼는 거예요.

온점 溫 따뜻할 온 點 점 점

174

온도가 높아지는 것을 느끼는 감각점

온점은 온도가 높아질 때 따뜻함을 느끼는 감각점입니다. 일반적으로 사람이 가지고 있는 감각점은 냉점보다 온점의 수가 적습니다. 따라서 보통 더위보다 추위에 더 민감하게 반응하죠.
온점 또한 온도의 변화를 느끼는 감각점이기 때문에 같은 온도의 물이라도 다르게 느낄 수 있답니다. 예를 들어 오른손은 40℃의 물에, 왼손은 10℃의 물에 넣어 두었다가 두 손을 모두 25℃의 물에 동시에 넣는다면 오른손은 차가움을, 왼손을 따뜻함을 느끼게 되지요.

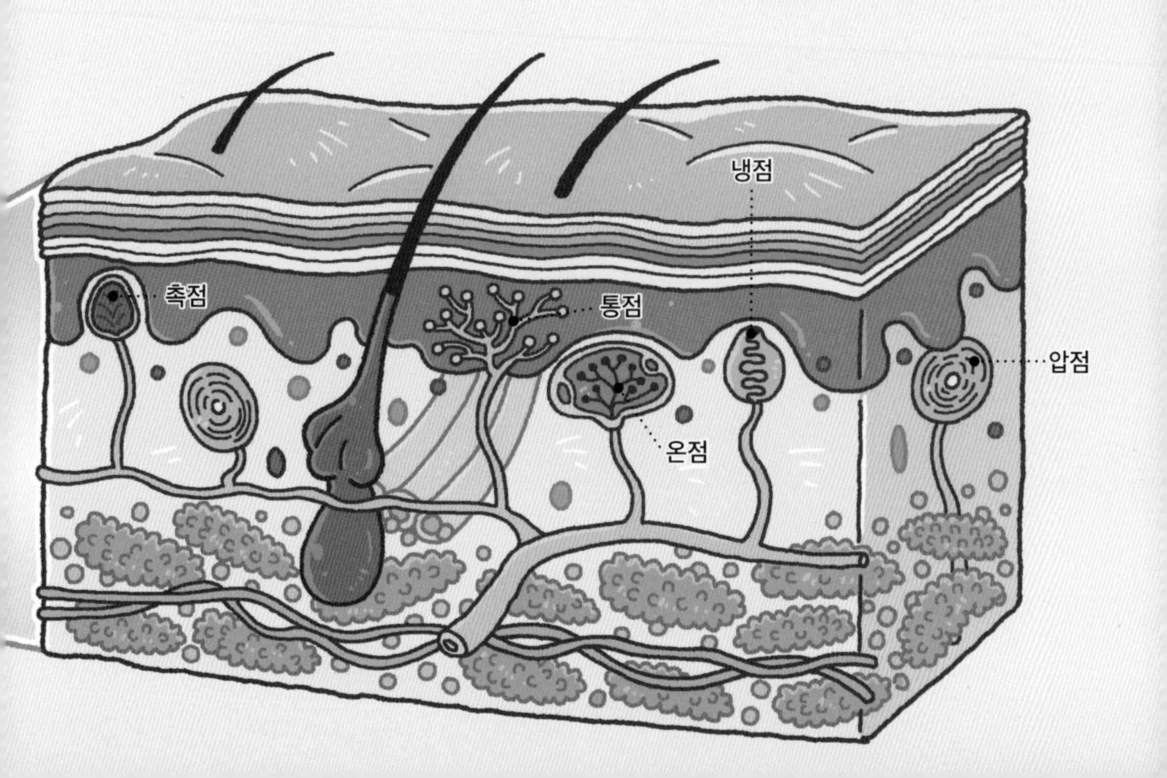

정리 좀 해볼게요

정답은? ❷ 냉점과 온점은 온도 변화를 느끼기 때문이다.

냉점과 온점은 온도 변화를 느끼는 감각점이에요. 그래서 뜨거운 열탕에 있던 풍마니는 시원함을 느껴 쉽게 온탕에 들어갔지만, 차가운 냉탕에 있던 풍미니는 뜨거움을 느껴 온탕에 쉽게 들어가지 못하는 거예요.

핵심은?

냉점	온점
• 온도 변화를 느끼는 감각점 • 온도가 내려가는 것을 느낌	• 온도 변화를 느끼는 감각점 • 온도가 올라가는 것을 느낌

> 차가운 것을 느끼는 냉점! 따뜻한 것을 느끼는 온점!
> 냉점과 온점은 온도 변화를 느끼는 감각점이라는 것!
> 따뜻해지면 온점이, 차가워지면 냉점이 자극을 받는다는 것을 꼭 명심하자!

깜짝 놀란 풍슬이가 겪을 증상은 무엇일까요?

난이도 ★★★

Q 풍마니는 책을 읽고 있는 풍슬이에게 몰래 다가가 깜짝 놀라게 했습니다. 놀란 풍슬이는 심장이 빠르게 뛴다고 하네요. 과연 풍슬이가 겪을 다른 증상은 무엇일까요?

단서
- 우리 몸의 신경계는 교감 신경과 부교감 신경으로 나눌 수 있다.
- 교감 신경은 긴장하거나 흥분했을 때 작용하는 신경이다.
- 부교감 신경은 편안할 때 작용하는 신경이다.

❶ 소화가 안 된다.

❷ 동공의 크기가 작아진다.

교감 신경 交 感

상호 작용 교 감정 감

175

긴장하거나 흥분했을 때 작용하는 신경

우리 몸에는 심장과 장기 등의 기능을 관리하여 우리 몸의 환경을 유지하는 자율 신경계가 온몸에 분포하고 있어요. 자율 신경계는 교감 신경과 부교감 신경으로 나눌 수 있는데, 이 중에서 교감 신경은 척수*의 중간에서 뻗어 나와 각 장기 등에 분포하는 신경계입니다. 긴장하거나 흥분을 하면 교감 신경이 작용하여 심장 박동과 호흡이 빨라지고, 동공이 확대돼요. 또 소화가 되지 않고, 방광이 확장되죠. 즉, 교감 신경은 위기 상황에 처했을 때 우리 몸이 대처하기에 알맞은 상태로 만들어준답니다.

*척수(脊 등마루 척 髓 골수 수) : 대뇌와 연결되어 있으며, 척추 속에 위치하는 신경

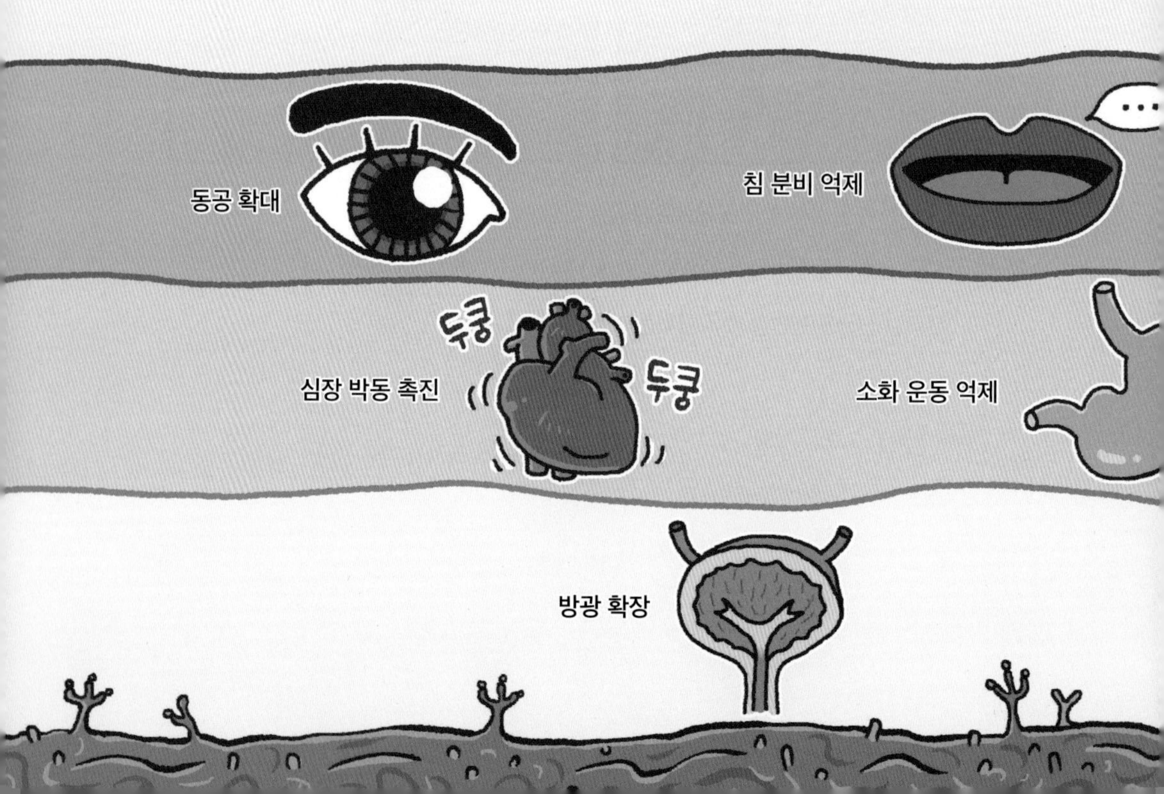

부교감 신경

副 다음 부 | 交 상호 작용 교 | 感 감정 감

176

편안할 때 작용하는 신경

부교감 신경은 교감 신경과 함께 자율 신경계를 이루며, 중뇌와 척수의 꼬리 부분 등에서 뻗어 나와 각 내장 기관에 분포하는 신경계입니다. 교감 신경과 반대로 위급한 상황을 대비해 에너지를 저장해 두는 역할을 하죠. 부교감 신경이 작용하면 심장 박동과 호흡은 느려지고, 동공은 축소돼요. 또 방광이 수축되죠. 즉, 부교감 신경은 교감 신경과 반대로 작용하여 우리의 몸을 안정된 상태로 되돌리도록 조절한답니다.

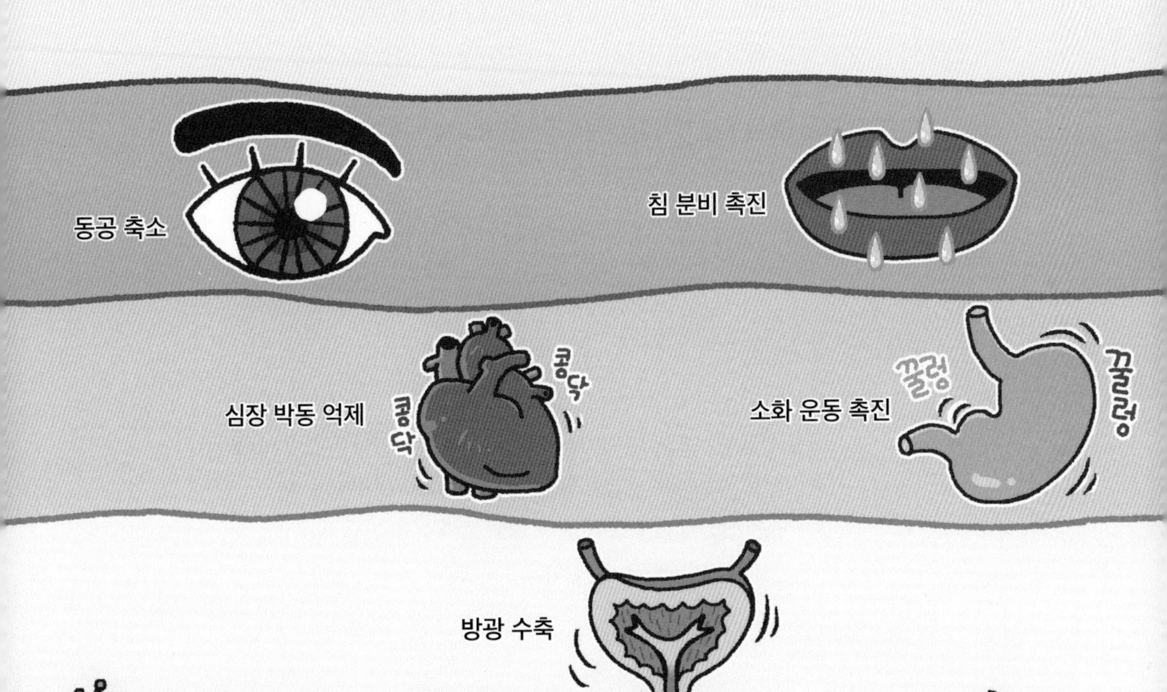

정리 좀 해볼게요

정답은? ❶ 소화가 안 된다.

풍슬이는 깜짝 놀랐기 때문에 교감 신경이 작용했을 거예요. 따라서 풍슬이의 심장 박동은 빨라지고 동공은 확대되며, 소화가 안 될 거예요.

핵심은?

교감 신경	부교감 신경
• 긴장하거나 흥분했을 때 작용하는 신경 • 심장 박동과 호흡이 빨라짐 • 동공이 확대되고, 소화 운동이 억제됨	• 편안할 때 작용하는 신경 • 심장 박동과 호흡이 느려짐 • 동공이 축소되고, 소화 운동이 촉진됨

“자율 신경은 우리가 대뇌에서 직접 생각하고 판단하는 것이 아니라 자율적으로 작용하는 신경을 말하지! 긴장하거나 흥분했을 때 발달하는 신경이 바로 교감 신경, 그리고 휴식을 취할 때는 부교감 신경이 발달하게 되지.”

풍마니는 어떻게 재빠르게 손을 뗐을까요?

난이도 ★★☆

Q 풍's 패밀리는 모여서 밥을 먹고 있어요. 찌개를 먹으려다 뜨거운 냄비를 만진 풍마니는 평소와 달리 아주 빠르게 손을 떼어냈습니다. 풍마니가 냄비에서 재빠르게 손을 뗄 수 있었던 까닭은 무엇일까요?

단서
- 우리가 하는 행동의 대부분은 뇌가 판단하지만, 그렇지 않은 경우도 있다.
- 자신의 의지와 관계없이 일어나는 반응을 무조건 반사라고 한다.

❶ 대뇌에서 빠르게 행동하도록 명령해서

❷ 대뇌를 거치지 않고 무의식적으로 행동해서

의식적 반응 意 뜻 의 識 알 식 的 과녁 적 177

대뇌의 판단 과정을 거쳐 자신의 의지에 따라 일어나는 반응

의식적 반응이란 어떤 자극에 대해 대뇌의 명령에 따라 의식적으로 일어나는 반응을 말합니다. 예를 들어 우리가 날아오는 공을 보고 잡을 수 있는 것은 대뇌가 "어? 공이 날아오네? 팔을 뻗어서 저 공을 잡아야겠어. 팔! 어서 저 공을 잡도록 해!"라고 명령을 내리기 때문이죠. 이 명령은 척수를 통해 이동하고, 운동 신경을 통해 근육으로 전달되어 공을 잡을 수 있게 합니다.

따라서 의식적 반응은 자극 → 감각 기관 → 감각 신경 → (척수) → 대뇌 → (척수) → 운동 신경 → 운동 기관 → 반응의 순서로 일어나지요.

우리가 신호등이 초록색으로 바뀐 것을 보고 길을 건너는 것, 주전자를 들어 컵에 물을 따르는 것 등이 모두 의식적 반응의 예랍니다.

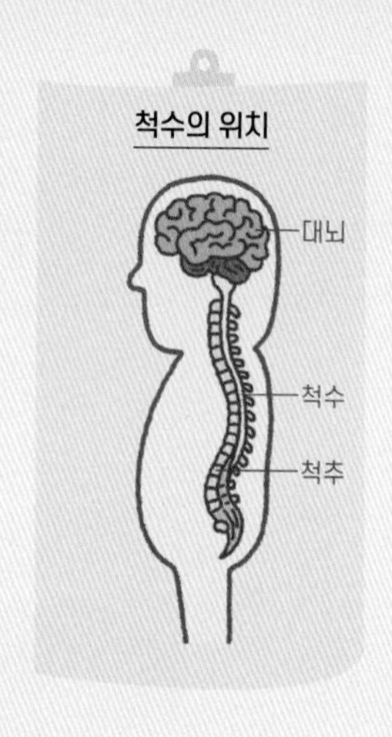

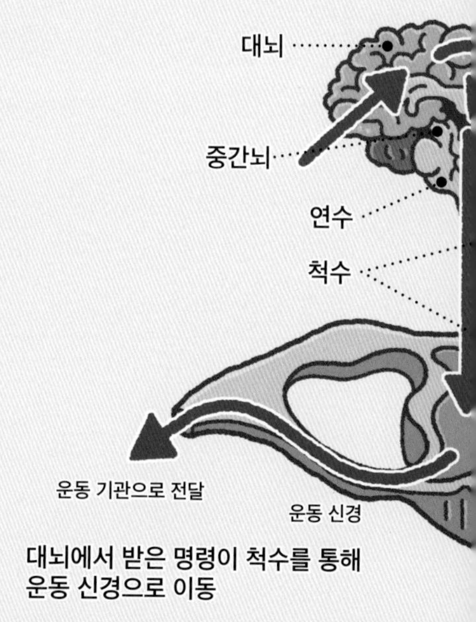

대뇌에서 받은 명령이 척수를 통해 운동 신경으로 이동

무조건 반사 無 條 件

없을 무 가지 조 조건 건

178

대뇌의 판단 과정을 거치지 않아 자신의 의지와 관계없이 일어나는 반응

우리가 의식하지 않아도 자극에 저절로 반응하는 것을 무조건 반사라고 합니다. 무조건 반사는 대뇌가 반응에 관여어떤 일에 관계하여 참여함하지 않고 척수, 연수, 중간뇌가 반응에 관여하죠. 따라서 의식적 반응에 비해 반응의 경로가 짧고 단순하기 때문에 반응 속도가 빠릅니다. 그래서 위험한 상황으로부터 우리 몸을 재빨리 보호할 수 있어요.

무조건 반사는 자극에 대한 반응에 따라 관여하는 곳이 달라요. 뜨겁거나 뾰족한 물체가 몸에 닿았을 때 몸을 움츠리는 반응은 척수가 관여합니다. 하품이나 재채기, 기침 등은 연수가, 눈의 동공이 빛에 의해 커지고 작아지는 반응인 동공 반사는 중간뇌가 관여하는 무조건 반사이죠.

따라서 무조건 반사는 자극 → 감각 기관 → 감각 신경 → 척수, 연수, 중간뇌 → 운동 신경 → 운동 기관 → 반응의 순서로 일어나요.

무조건 반사(척수 반사)

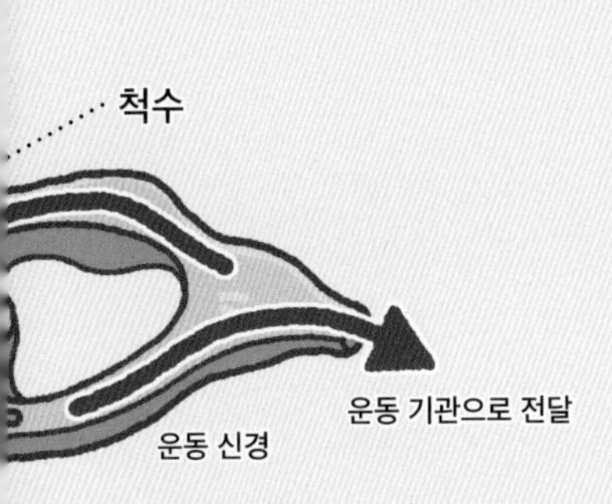

정리 좀 해볼게요

정답은? ❷ 대뇌를 거치지 않고 무의식적으로 행동해서

뜨거운 냄비에 손이 닿은 풍마니는 대뇌의 판단 과정을 거치지 않고 자기도 모르게 손을 뗀 거예요. 하품이나 재채기도 우리가 해야겠다고 생각하고 하지는 않죠? 이렇게 무의식적으로 하는 반응을 무조건 반사라고 한답니다.

핵심은?

의식적 반응	무조건 반사
• 대뇌의 명령에 따라 의식적으로 일어나는 반응 • 자극 → 감각 기관 → 감각 신경 → (척수) → 대뇌 → (척수) → 운동 신경 → 운동 기관 → 반응	• 대뇌가 관여하지 않고 척수, 연수, 중간뇌가 반응에 관여하여 일어나는 반응 • 자극 → 감각 기관 → 감각 신경 → 척수, 연수, 중간뇌 → 운동 신경 → 운동 기관 → 반응

"대뇌에서 생각하고 판단해서 명령을 내리는 반응을 의식적 반응이라고 해. 그런데 우리 몸이 위험한 상황에 처했을 때는 대뇌가 아닌 다른 곳이 먼저 반응을 할 수 있도록 도와주지! 바로 이것을 무조건 반사라고 하는 거야! 역시 우리 몸의 시스템들은 정말 든든하고 안전해!"

호르몬과 신경 중 누가 경주에서 이길까요?

난이도 ★★★

Q 호르몬과 신경은 누가 더 빠른지 경주 중입니다. 호르몬은 혈관 문에서, 신경은 뉴런 문에서 나왔어요. 과연 이 경주에서 누가 이길까요?

단서
- 호르몬은 혈액을 통해 온몸으로 운반된다.
- 신경은 뉴런에 의해 일정한 방향으로 신호를 전달한다.

❶ 호르몬 ❷ 신경

호르몬

179

몸의 여러 부분에 전달되어 각 기관의 기능을 조절하는 화학 물질

호르몬은 우리 몸의 기능을 조절하는 화학 물질로, 몸이 정상 상태를 유지할 수 있도록 도와준답니다. 내분비샘*에서 생성된 호르몬은 별도로 분비되는 관 없이 혈관의 혈액을 통해 직접 온몸으로 운반되지요. 혈액을 따라 운반되기 때문에 자극의 전달 속도는 느리지만 오랫동안 지속되고, 영향을 미치는 범위가 넓어요. 혈액을 따라 온몸을 순환하던 호르몬은 특정한 세포나 기관에 작용하면서 기능을 조절하는 역할을 하죠.

또 호르몬은 매우 적은 양으로도 여러 가지 생리 작용과 기능에 영향을 미칠 수 있기 때문에 분비량이 적당해야 합니다. 호르몬의 분비량이 많으면 과다증, 적으면 결핍증이 나타날 수 있어요. 예를 들어 이자에서는 인슐린이라는 호르몬이 분비되는데요. 인슐린이 적게 분비되면 당뇨소변에 당분이 많이 섞여 나오는 질병에 걸릴 수 있습니다.

*내분비샘(內 안 내 分 나눌 분 泌 분비할 비 腺 샘 샘) : 호르몬을 만들어 몸속이나 혈액으로 내보내는 기관

신경 神 經

정신 신 지날 경

180

기관과 뇌 사이에서 정보를 전달하는 구조

신경은 몸이 인식한 정보를 뇌로 전달하거나 뇌에서 처리한 정보를 각 기관에 전달하는 역할을 해요. 일반적으로 신경 세포인 뉴런을 의미하기도 하죠. 뉴런은 신호를 전달하기에 아주 적합한 구조를 가지고 있습니다. 그래서 호르몬에 비해 자극의 전달 속도가 매우 빨라요. 하지만 효과가 오랫동안 지속되지 않고, 영향을 미치는 범위가 좁답니다.

뉴런이 모이고 모여서 외부에서 얻은 정보를 대뇌 또는 몸의 구석구석으로 전달하는 체계를 만드는데, 이것을 신경계라고 해요. 우리 몸의 신경계는 중추 신경계와 말초 신경계로 나눌 수 있습니다. 중추 신경계는 대뇌, 척수와 같은 기관에서 여러 가지 정보를 처리하고, 말초 신경계는 손이나 발, 피부와 같이 몸의 끝부분에서 받아들인 다양한 자극에 대해 반응을 하지요.

정리 좀 해볼게요

정답은? ❷ 신경

호르몬은 혈관을 통해 우리 몸의 모든 곳으로 운반되기 때문에 전달 속도는 느리지만 오랫동안 그 영향이 지속된답니다. 신경은 뉴런을 통해 일정한 방향으로만 신호가 전달되기 때문에 전달 속도는 빠르지만 효과는 오랫동안 지속되지 않지요. 경주에서는 신경이 이기겠네요.

핵심은?

호르몬	신경
• 내분비샘에서 생성되며 혈액을 통해 운반됨 • 전달 속도가 느리지만 오랫동안 지속됨 • 영향을 미치는 범위가 넓음 • 특정한 기관에만 작용	• 뉴런에 의해 운반됨 • 전달 속도가 빠르지만 효과는 오랫동안 지속되지 않음 • 영향을 미치는 범위가 좁음

“호르몬과 신경은 각각의 특징을 살려서 우리 몸이 항상 일정한 상태를 유지할 수 있도록 해주지. 호르몬은 혈액을 통해서 온몸으로 운반되고, 느리지만 지속적인 효과! 신경은 뉴런을 통해서 일정한 방향으로 전달되고, 빠르지만 일시적인 효과! 잘 기억하자~”

풍슬이 몸속의 이자에서는 어떤 호르몬이 나올까요?

난이도 ★★★

Q 풍슬이는 줄넘기를 하고 있습니다. 운동을 열심히 했더니 땀이 뻘뻘 흐르네요. 줄넘기를 마친 풍슬이 몸속의 이자에서는 어떤 호르몬이 나올까요?

단서
- 이자에서는 인슐린과 글루카곤이 분비된다.
- 인슐린은 혈당을 낮추는 역할을 한다.
- 글루카곤은 혈당을 높이는 역할을 한다.

❶ 인슐린

❷ 글루카곤

인슐린

181

이자에서 분비되는 호르몬으로, 혈당량을 낮추는 역할을 함

인슐린은 이자에서 분비되는 호르몬이에요. 우리 몸속의 혈당량*이 높을 때 분비되지요. 분비된 인슐린은 간에서 포도당을 글리코젠*으로 바꾸는 과정과 혈액 속에 있는 포도당이 조직 세포로 흡수되는 과정이 빠르게 일어나도록 만들어서 혈당량을 떨어뜨립니다. 높았던 혈당량이 인슐린에 의해 충분히 떨어져서 다시 정상적으로 돌아오면 다시 인슐린의 분비량은 줄어들죠. 이렇게 인슐린은 혈당량을 일정하게 유지해주는 역할을 한답니다.
예를 들어 우리가 밥이나 빵 등을 먹으면 혈액 속의 포도당의 양이 많아지면서 혈당량이 높아져요. 그럼 이자에서는 인슐린을 분비해서 혈당량을 낮추어 적절하게 유지시켜 준답니다.

***혈당량**(血 피 혈 糖 사탕 당 量 헤아릴 량) : **혈액 속에 녹아 있는 포도당의 양**
***글리코젠** : **간과 근육에서 생성되는 포도당으로 이루어진 다당류**

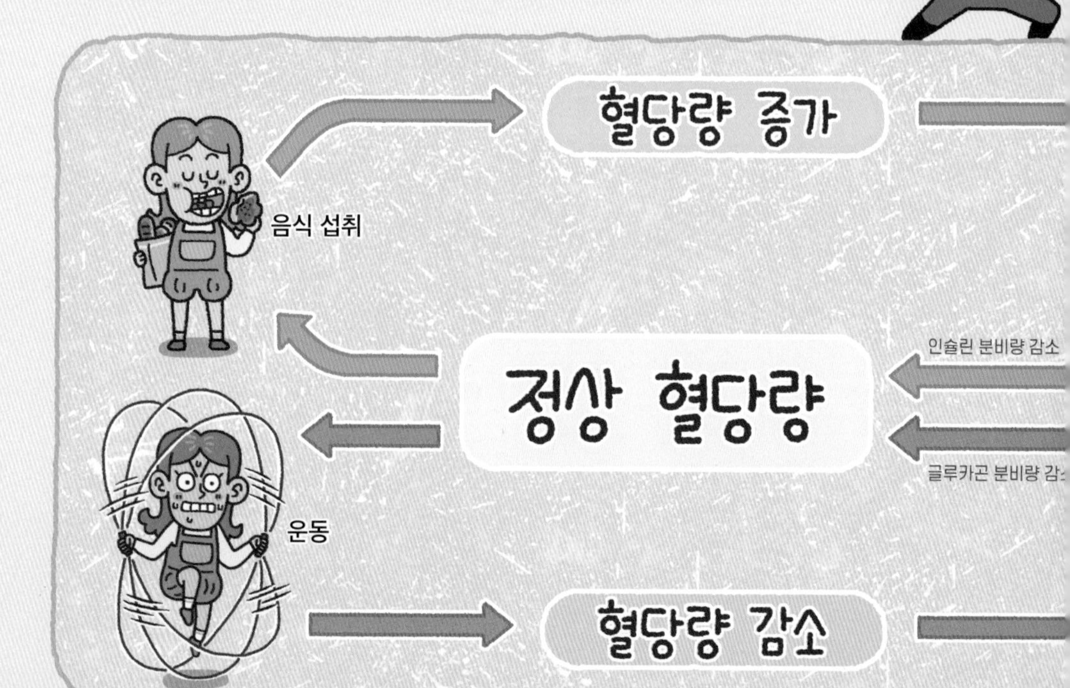

182

글루카곤

이자에서 분비되는 호르몬으로, 혈당량을 높이는 역할을 함

글루카곤 역시 이자에서 분비되는 호르몬이에요. 우리 몸속에 혈당량이 낮을 때 분비되지요. 분비된 글루카곤은 간에서 글리코젠을 포도당으로 바꾸는 과정이 빠르게 일어나도록 만들며 혈당량을 높여줘요. 글루카곤도 인슐린과 마찬가지로 혈당량을 일정하게 유지해주는 역할을 해요. 낮았던 혈당량이 글루카곤에 의해 충분히 높아져 정상이 되면 글루카곤의 분비량이 다시 줄어든답니다.

예를 들어 우리가 운동을 하면 혈액 속의 포도당이 분해되기 때문에 혈당량이 낮아져요. 그럼 이자에서는 글루카곤을 분비해서 혈당량을 다시 높이고 적절하게 유지시켜 준답니다.

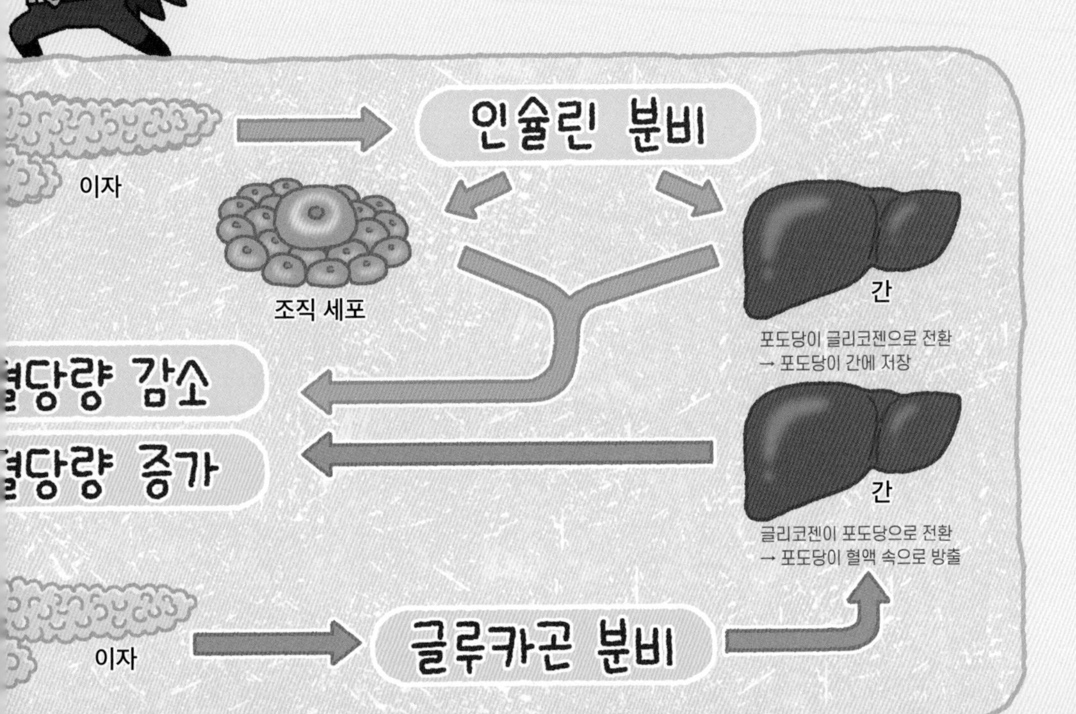

정리 좀 해볼게요

정답은? ❷ 글루카곤

풍슬이가 줄넘기를 하면 혈액 속에 있는 포도당이 에너지로 사용되기 때문에 혈당량이 낮아져요. 그러면 이자에서는 혈당량을 다시 높이기 위해 글루카곤을 분비한답니다. 혈액 속 포도당의 양은 너무 많아도 안 되고, 너무 적어도 안 돼요. 뭐든 적당한 게 좋답니다.

핵심은?

인슐린	글루카곤
• 이자에서 분비되는 호르몬으로, 혈당량을 낮춰줌 • 간에서 포도당이 글리코젠으로 전환 • 밥을 먹으면 혈당량이 높아져 인슐린이 분비됨	• 이자에서 분비되는 호르몬으로, 혈당량을 높여줌 • 간에서 글리코젠이 포도당으로 전환 • 운동을 하면 혈당량이 낮아져 글루카곤이 분비됨

"이자는 주영양소를 분해하는 소화 효소뿐만 아니라 혈당량을 조절하는 호르몬도 분비해! 밥을 먹고 난 후에 혈당량이 높아지면 인슐린을 많이 분비해서 혈당량을 낮춰주고, 운동 후에 혈당량이 낮아지면 글루카곤을 많이 분비해서 혈당량을 높여주지!"

장풍쌤이 설명할 말은 무엇일까요?

난이도 ★★★

Q 풍's 패밀리는 인간 복제에 관한 TV 프로그램을 보고 있어요. 풍슬이는 DNA만 똑같이 만들면 미래에는 인간을 복제할 수 있을 거라고 말합니다. DNA가 무엇인지 궁금한 풍마니. 과연 장풍쌤은 DNA가 무엇이라고 설명할까요?

단서
- DNA는 생물의 유전적 성질을 결정하는 물질이다.
- 세포가 분열하기 전에는 DNA가 실처럼 풀어져서 존재한다.

❶ DNA는 우리 염색체를 구성하는 물질이란다.

❷ 염색체는 세포 분열을 하면서 DNA를 만들어낸단다.

염색체 染 色 體

물들 염 빛 색 몸 체

183

세포가 분열할 때 핵 안에 나타나는 막대 모양의 구조물

세포의 핵 안에 존재하는 DNA는 생물의 유전적 성질을 결정하는 물질입니다. 세포가 분열찢어져 나뉨하면 실처럼 풀어진 모양을 하고 있던 DNA가 단백질과 함께 꼬이면서 이동과 분리가 쉽도록 막대 모양의 구조물을 만들게 되는데, 이를 염색체라고 합니다.

염색체

핵

세포

생물의 종에 따라서 체세포*에 들어 있는 염색체의 수와 모양은 달라요. 같은 종이라면 염색체의 수와 모양이 같죠. 그래서 염색체는 생물의 종을 판단하는 특징이 될 수 있답니다.

*체세포(體 몸 체 細 가늘 세 胞 세포 포) : 몸을 구성하는 세포 중 생식세포를 제외한 모든 세포

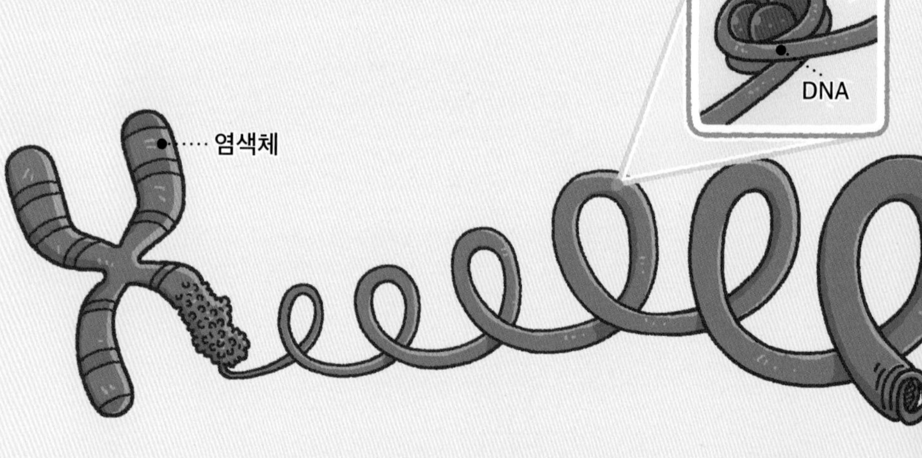

염색사 染 色 絲

물들 염 빛 색 실 사

184

세포가 분열하지 않을 때 핵 안에 실처럼 풀어져 있는 구조물

세포가 분열하지 않을 때 핵 안에 들어 있는 DNA는 가는 실처럼 풀어져 있어요. 이것을 염색사라고 합니다. 세포 분열이 시작되면 핵 안에 있는 단백질과 염색사는 서로 꼬이며 염색체가 되는 것이랍니다.

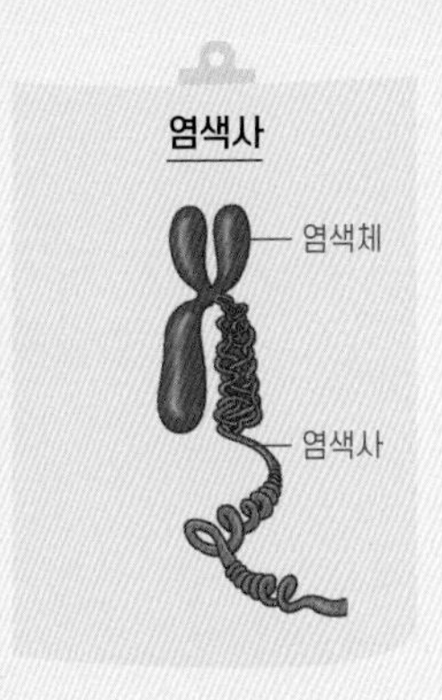

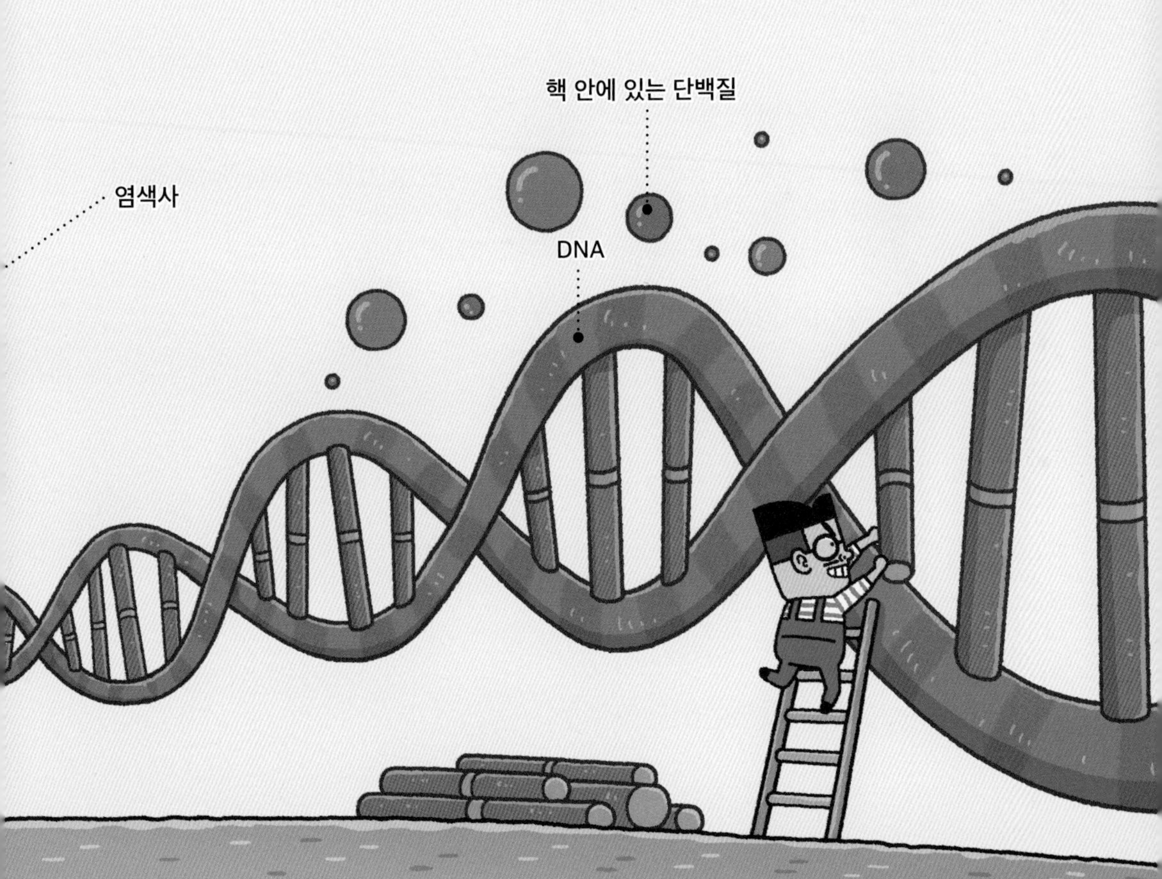

정리 좀 해볼게요

정답은? ❶ DNA는 우리 염색체를 구성하는 물질이란다.

우리 몸은 아주 많은 세포로 이루어져 있어요. 그 세포 안에는 핵이 있는데, 핵 안에 우리의 유전 물질이 담긴 DNA가 들어 있죠. DNA는 세포가 분열하지 않을 때는 염색사의 형태로 존재하다가 세포가 분열할 때 단백질과 꼬이며 염색체가 된답니다.

핵심은?

염색체	염색사
• 세포가 분열할 때 단백질과 함께 꼬이면서 형성되는 막대 모양의 구조물 • 유전 물질인 DNA와 단백질로 구성	• 세포가 분열하지 않을 때 핵 안에 가는 실처럼 풀어져 있는 구조물 • 단백질과 꼬이며 염색체를 형성

> DNA는 평상시에 실처럼 풀어진 염색사의 형태로 존재해.
> DNA는 세포 분열을 시작하면 이사를 할 때 이삿짐을 싸는 것처럼
> DNA의 손상을 막기 위해 응축돼서 염색체가 되는 거야~!

쌍둥이 축제의 우승 팀은 누구일까요?

난이도 ★★★

Q 장풍쌤은 '쌍둥이 축제'의 사회를 보고 있습니다. 쌍둥이 축제는 생김새뿐만 아니라 모든 것이 완전히 똑같아야 우승할 수 있는데요. 과연 상동 염색체 팀과 염색 분체 팀 중 누가 우승을 하게 될까요?

단서
- 상동 염색체는 부모로부터 하나씩 물려받는다.
- 염색 분체는 하나의 DNA가 복제된 것이다.

❶ 상동 염색체 팀　　❷ 염색 분체 팀

상동 염색체

相 서로 상 同 같을 동

185

모양과 크기가 서로 같은 염색체

체세포 안에 들어 있는 모양과 크기가 같은 한 쌍의 염색체를 상동 염색체라고 합니다. 사람은 23쌍(46개)의 상동 염색체를 가지고 있어요. 이 상동 염색체는 남자와 여자가 공통으로 가지는 22쌍(44개)의 상염색체와 성별을 결정하는 1쌍(2개)의 성염색체로 구성되지요.

이 23쌍(46개)의 상동 염색체는 아빠로부터 23개, 엄마로부터 23개를 물려받은 것이랍니다. 부모님께 각각 물려받았기 때문에 모양과 크기는 같지만 유전 정보는 서로 달라요. 또 상동 염색체 중에서 성염색체인 X 염색체와 Y 염색체는 크기와 모양이 다르지만 짝을 이룰 수 있어요.

아빠로부터 23개를 물려받았어!
엄마로부터 23개를 물려받았어!
상동 염색체

염색 분체

染 色 分 體
물들 염 빛 색 나눌 분 몸 체

186

하나의 염색체를 이루는 각각의 가닥

세포 분열을 하기 직전에 세포의 핵 안에 존재하는 DNA는 복제되고, 세포 분열을 시작하면서 염색사가 뭉쳐지며 하나의 염색체는 두 가닥의 막대기가 붙어 있는 모양이 됩니다. 이때 복제된 각각의 가닥을 염색 분체라고 하죠. 염색 분체는 DNA가 복제되면서 만들어졌기 때문에 유전 정보가 서로 같습니다. 이렇게 하나의 염색체를 이루고 있는 염색 분체는 세포 분열을 하는 동안 분리되어 각각의 세포로 구성됩니다.

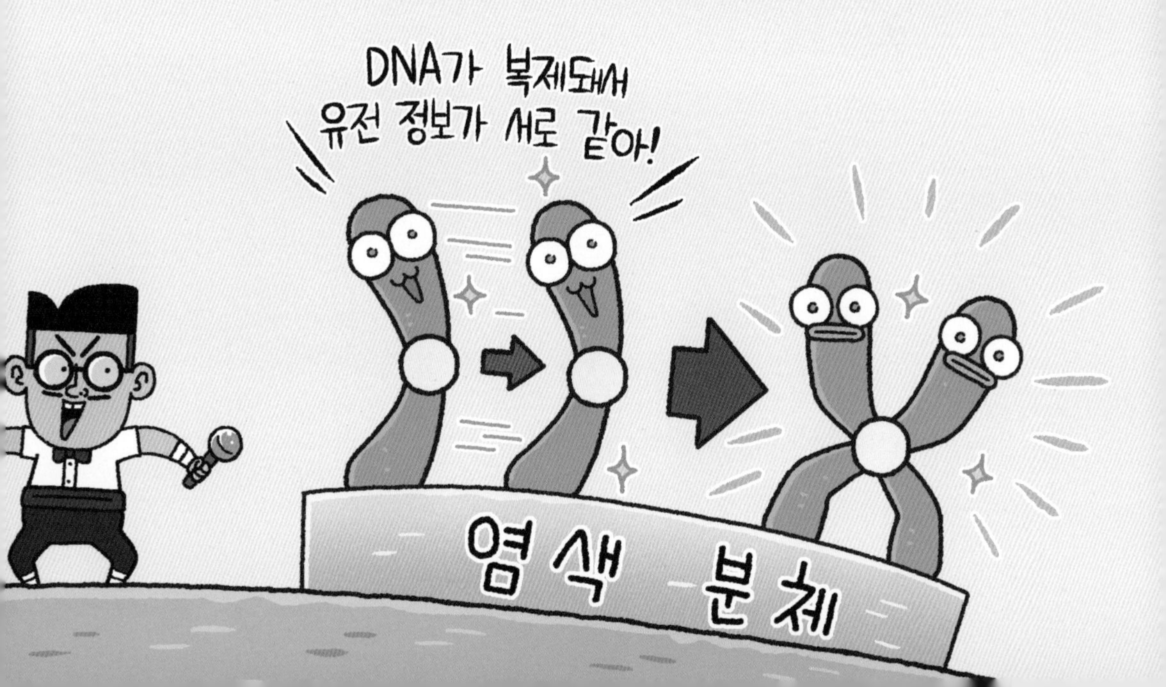

정리 좀 해볼게요

정답은? ❷ 염색 분체 팀

염색 분체는 하나의 염색체를 이루는 각각의 가닥이죠. DNA가 복제되어 만들어졌기 때문에 염색 분체끼리는 서로 유전 정보가 똑같답니다. 따라서 모든 것이 완전히 똑같은 쌍둥이는 염색 분체 팀이에요.

핵심은?

상동 염색체	염색 분체
• 모양과 크기가 같은 염색체 쌍 • 사람은 22쌍(44개)의 상염색체와 1쌍(2개)의 성염색체로 구성 • 유전 정보는 서로 다름	• 하나의 염색체를 이루는 각각의 가닥 • 서로 붙어 있음 • 유전 정보가 서로 같음

> 상동 염색체는 엄마, 아빠에게서 하나씩 받아서 이루어지는 한 쌍의 염색체!
> 염색 분체는 두 가닥의 막대기가 붙어 있는 모양인 염색체에서 각각의 가닥!
> 상동 염색체는 유전 정보가 다르지만, 염색 분체는
> DNA가 복제되었기 때문에 유전 정보가 같다는 것! 잘 기억하자~!

도마뱀의 꼬리는 어떻게 다시 자란 걸까요?

난이도 ★★★

Q 풍미니는 꼬리가 잘린 도마뱀을 정성스럽게 돌보고 있습니다. 풍미니의 정성이 통한 것일까요? 며칠 후 도마뱀의 꼬리가 다시 자라났어요. 잘린 도마뱀의 꼬리는 어떻게 다시 자란 걸까요?

단서
- 체세포는 동물의 몸을 구성하는 세포이다.
- 생식세포는 유전 물질을 전달하는 세포이다.

❶ 체세포 수가 늘어났기 때문이다.

❷ 생식세포 수가 늘어났기 때문이다.

체세포 體 細 胞

몸 체 가늘 세 세포 포

187

몸에서 생식세포를 제외한 모든 세포

우리 몸은 세포로 구성되어 있다고 했죠? 그중 신체의 조직을 만들고 자라게 하는 세포를 체세포라고 합니다. 체세포는 생식세포를 제외한 몸의 피부, 장기 등을 이루고 있는 모든 세포를 말하죠.

체세포는 세포 분열 과정을 통해 그 개수를 늘릴 수 있지만, 세포 하나의 크기가 커지는 것은 아닙니다. 예를 들어 우리의 키가 자라는 것은 그만큼 세포의 수가 많아지는 것이지, 세포의 크기가 커지는 것은 아니죠. 그래서 체세포의 주요 역할은 '생장'생물체의 크기가 커지거나 무게가 증가하는 것과 '재생'이에요. 세포의 수가 늘어나면서 생물을 자라게 해주고, 도마뱀의 잘린 꼬리가 다시 재생되거나, 상처가 아무는 것처럼 상처나 손실된 부분의 세포가 새로 생기도록 해주죠.

체세포는 세포 분열을
통해 상처를 아물게 함
웬 도마뱀이야?!
깜짝 놀라서
넘어졌잖아!!

생식세포

生 날 생 殖 불릴 식 細 가늘 세 胞 세포 포

188

생식을 통해서 유전 물질을 전달하는 것이 목적인 세포

생식세포는 정자*와 난자*처럼 생물의 번식과 성별을 결정하는 세포입니다. 체세포는 유전 능력이 없어 자손에게 전달되지 않지만, 생식세포는 유전 물질을 자손에게 전달하는 역할을 하죠.

세포에는 각각 쌍을 이루고 있는 상동 염색체가 있고, 염색체는 두 가닥의 염색 분체로 이루어져 있다는 것을 앞에서 배웠죠? 사람의 경우 생식세포가 형성될 때는 염색체 수가 반으로 줄어드는 감수 분열생물의 생식 기관에서 생식세포를 만들기 위해 일어나는 세포 분열을 하기 때문에 염색체의 수가 46개에서 23개로 줄어들어요. 따라서 정자와 난자의 염색체는 각각 23개랍니다. 이렇게 만들어진 생식세포는 수정*을 통해 46개의 염색체를 가진 세포가 되는 거예요.

*정자(精 찧을 정 子 아들 자) : 수컷의 생식세포
*난자(卵 알 난 子 아들 자) : 암컷의 생식세포
*수정(受 받을 수 精 찧을 정) : 암컷과 수컷의 생식세포가 하나로 합쳐지는 것

정리 좀 해볼게요

정답은? ❶ 체세포 수가 늘어났기 때문이다.

체세포 분열을 통해 생물은 '생장'과 '재생'을 해요. 우리의 피부에 상처가 생겨도 다시 아무는 것은 체세포 분열 과정을 통해 체세포의 수가 늘어났기 때문이죠. 이처럼 도마뱀의 꼬리가 잘렸어도 시간이 지나면 체세포가 분열되어 다시 재생된답니다.

핵심은?

체세포	생식세포
• 생식세포를 제외한 우리 몸을 구성하는 모든 세포 • 체세포 분열을 통해 세포의 개수 증가 • 생장과 재생을 함	• 생물의 번식과 성별을 결정하는 세포 • 유전 물질을 자손에게 전달 • 감수 분열을 통해 염색체의 수가 반으로 감소

" 우리 몸의 세포는 체세포와 생식세포로 구분할 수 있어!
체세포는 몸을 구성하고 분열을 통해서 키가 자라거나 상처에 피부가 다시 생기게 하지.
생식세포는 성별을 결정하고, 유전 물질을 자손에게 전달하는 역할을 해!
사람의 생식세포는 정자와 난자야~! "

풍마니의 엄지손가락 모양이 다른 까닭은 무엇일까요?

난이도 ★★☆

Q 장풍쌤이 해준 음식에 따봉을 날리며 칭찬하는 풍마니와 풍슬이. 그런데 엄지손가락의 모양이 서로 조금씩 다르네요. 풍마니의 엄지손가락만 뒤로 젖혀지지 않은 까닭은 무엇일까요?

단서
- 우성은 대립유전자 중에서 표현형으로 나타나는 형질을 말한다.
- 열성은 대립유전자 중에서 표현형으로 나타나지 않는 형질을 말한다.

❶ 우성이기 때문이다.　　❷ 열성이기 때문이다.

우성 優 性

넉넉할 우 성질 성

189

생물의 유전 형질이 드러날 때, 그 효과가 더 잘 나타나는 유전자의 특성

사람은 부모로부터 하나씩 물려받은 상동 염색체를 가지고 태어나는 것 배웠죠? 염색체에는 우리의 다양한 유전적인 특성을 결정하는 유전자가 있어요. 이 중에서도 서로 쌍을 이루면서 하나의 형질을 결정하는 유전자를 대립유전자라고 해요. 대립유전자는 한 쌍의 상동 염색체에서 같은 위치에 있답니다.

우성은 이 대립유전자에 의해 결정되는 형질 중에서 대립유전자의 구성이 다를 때 겉으로 나타나는 형질을 말합니다. 예를 들어 보조개가 있거나 혀 말기가 가능하고, 엄지손가락이 젖혀지면 우성이라고 할 수 있어요.

대립유전자

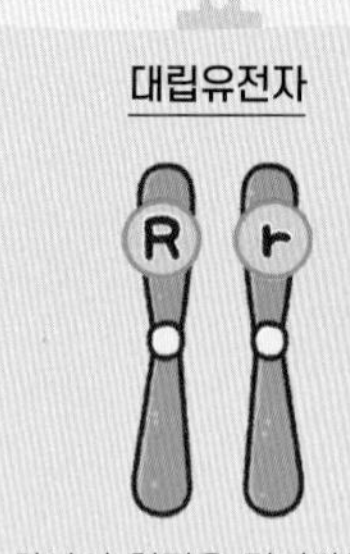

하나의 형질을 결정하는 유전자로, 상동 염색체의 같은 위치에 존재한다.

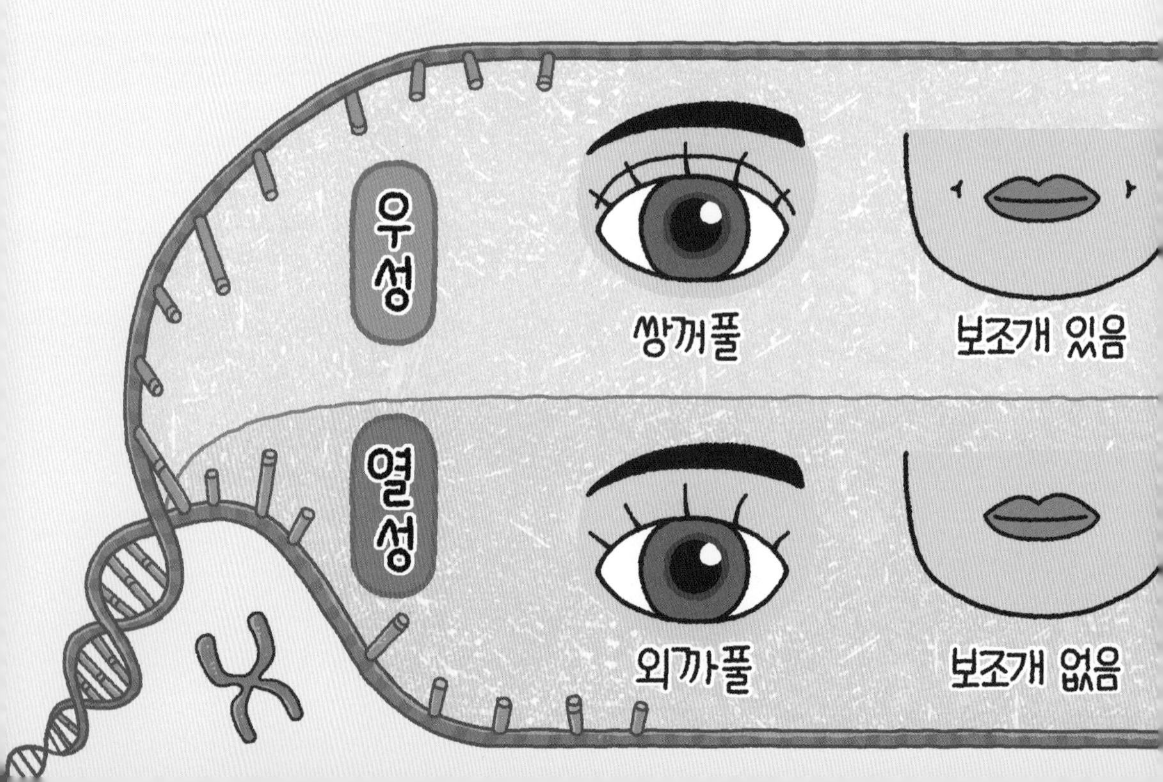

열성 劣 性

못할 열 성질 성

190

생물의 유전 형질이 드러날 때, 그 효과가 잘 나타나지 않는 유전자의 특성

열성은 대립유전자에 의해 결정되는 형질 중에서 대립유전자의 구성이 다를 때 겉으로 나타나지 않는 형질을 말합니다. 우성과 대비되는 개념으로 사용되죠. 열성은 유전자를 가지고 있지만 그 형질이 잘 나타나지 않기 때문에 한 쌍의 대립유전자가 모두 열성 유전자일 때만 겉으로 나타나요. 예를 들어 보조개가 없거나 혀 말기가 불가능하고, 엄지손가락이 젖혀지지 않으면 열성이라고 할 수 있어요.
우성이라고 해서 더 우월하거나 열성이라고 해서 떨어지는 것은 아니에요. 사람의 어떤 특성은 우성이고, 어떤 특성은 열성일 수도 있답니다.

기 가능

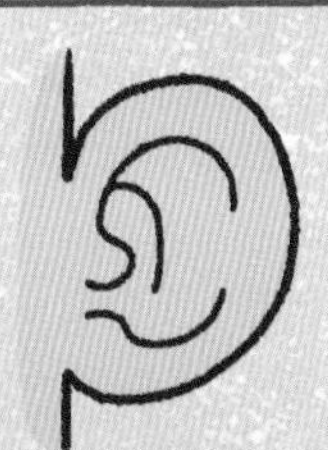

귓불 분리형

M자형 이마선

엄지 젖혀짐

기 불가능

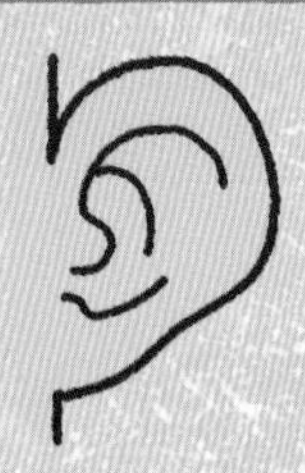

귓불 부착형

일자형 이마선

엄지 젖혀지지 않음

정리 좀 해볼게요

정답은? ❷ 열성이기 때문이다.

생물의 대립유전자는 서로 간의 관계가 우성이냐 열성이냐에 따라 유전 형질이 결정된답니다. 대표적으로 보조개, 혀 말기, 엄지손가락 모양 등이 있지요. 엄지손가락이 젖혀진다면 우성, 젖혀지지 않는다면 열성이에요.

핵심은?

우성	열성
• 생물의 유전 형질이 드러날 때, 그 효과가 더 잘 나타나는 유전자의 특성 • 보조개가 있고, 혀 말기가 가능하며 엄지손가락이 젖혀짐	• 생물의 유전 형질이 드러날 때, 그 효과가 잘 나타나지 않는 유전자의 특성 • 보조개가 없고, 혀 말기가 불가능하며 엄지손가락이 젖혀지지 않음

“ 우성은 좋은 유전자, 열성은 나쁜 유전자가 아니야!
두 대립유전자가 한 쌍을 이루었을 때 표현형으로 드러나는 유전자가 우성,
드러나지 않는 유전자가 열성이지! 꼭 기억하자! ”

풍마니와 풍슬이 중 누구의 말이 옳을까요?

난이도 ★★☆

Q 풍's 패밀리는 초록 완두콩 밥을 먹고 있습니다. 풍마니와 풍슬이는 서로 자기가 집은 콩이 순종이라고 말하고 있어요. 과연 풍마니와 풍슬이 중 누구의 말이 옳을까요?

단서
- 순종은 대립유전자의 구성이 같다.
- 잡종은 대립유전자의 구성이 다르다.

① 풍마니　② 풍슬이

순종 純 種

순수할 순 씨 종

191

대립유전자의 구성이 같은 개체

순종은 대립유전자가 같은 유전자형*을 가지고 있는 것을 말합니다. 즉, 모두 우성이거나 모두 열성인 경우를 말하죠. 예를 들어 완두의 모양을 결정하는 대립유전자 중에서 우성인 둥근 형질의 대립유전자를 R, 열성인 주름진 형질의 대립유전자를 r이라고 해봅시다. 이때 우성 대립유전자를 가진 순종 완두의 유전자형은 RR, 열성 대립유전자를 가진 순종 완두의 유전자형은 rr로 나타낼 수 있어요.

***유전자형**(遺 남길 유 傳 전할 전 子 아들 자 型 모형 형) : **형질이 나타나는 데 관여하는 유전자의 구성을 알파벳으로 나타낸 것** 예 RR, Rr, rr

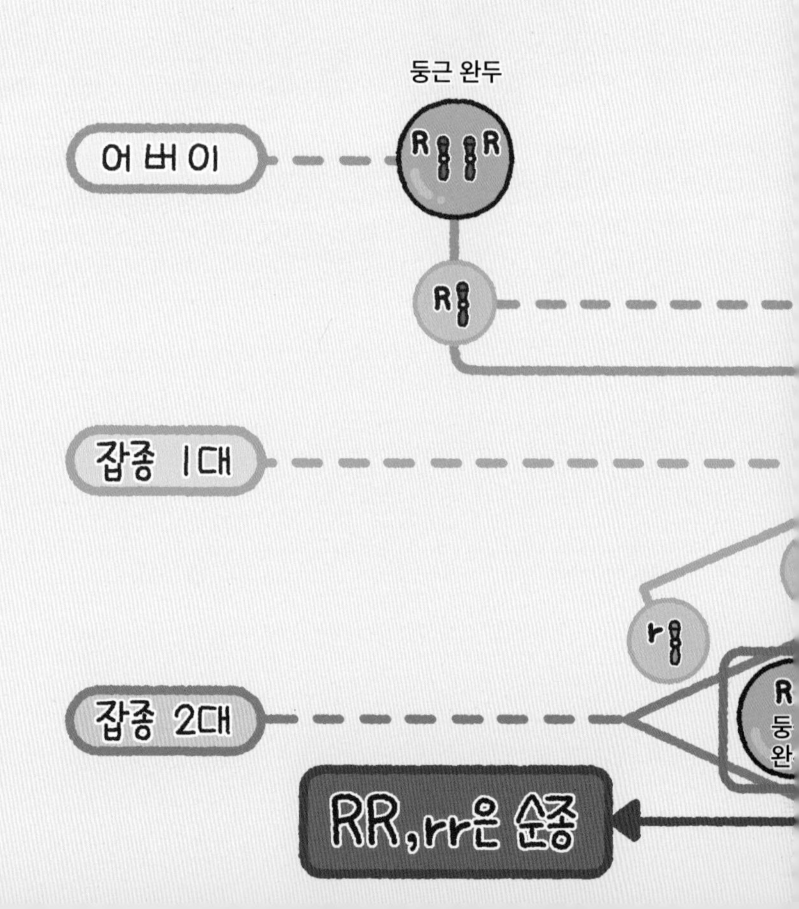

잡종 雜 섞일 잡 種 씨 종

192

대립유전자의 구성이 서로 다른 개체

잡종은 대립유전자가 서로 다른 유전자형을 가지고 있는 것을 말합니다. 서로 다른 표현형생물에서 겉으로 드러나는 여러 가지 특성이 나타나는 순종끼리 교배*했을 때는 잡종이 나타나죠. 유전자가 서로 다른 순종끼리 교배했을 때 나타나는 자손을 잡종 1대라고 합니다. 잡종 1대로 얻은 생물끼리 교배를 하여 나온 자손은 잡종 2대라고 하죠.

잡종 1대의 경우 서로 다른 표현형이 나타나는 순종끼리 교배했기 때문에 무조건 잡종이 나타나지만, 잡종 2대의 경우에는 우성과 열성, 열성과 열성 등 여러 가지 조합을 가지고 있기 때문에 순종이 나올 수도, 잡종이 나올 수도 있답니다.

*교배(交 사귈 교 配 짝 배) : 생물의 암컷과 수컷을 수정시켜 다음 세대를 얻는 일

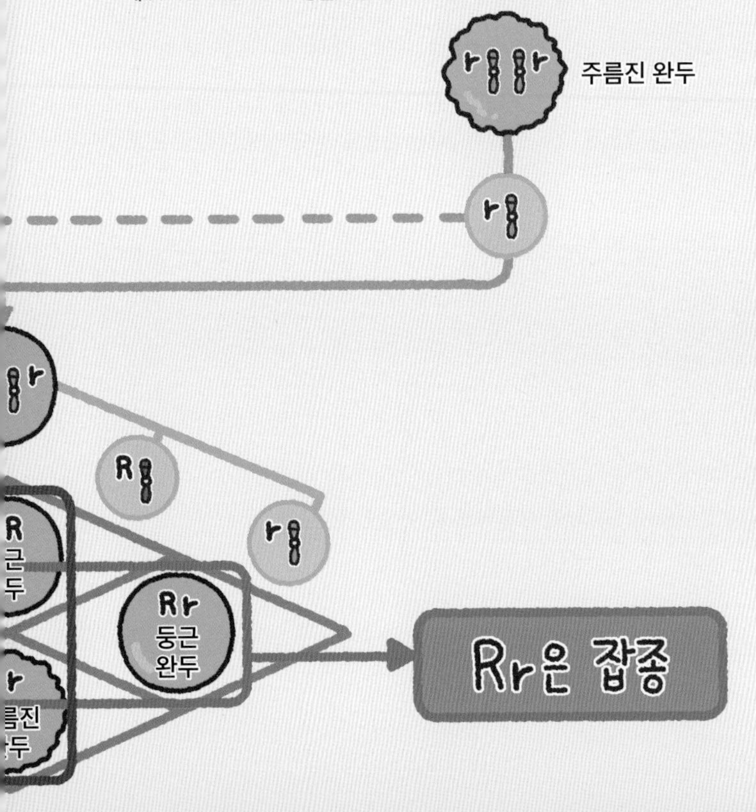

정리 좀 해볼게요

정답은? ❷ 풍슬이

초록 완두콩의 표면이 쭈글쭈글하다는 것은 완두 모양을 결정하는 한 쌍의 대립유전자가 모두 열성이라는 것을 의미하죠. 유전자형으로 나타내면 rr이 되겠네요. 대립유전자가 같은 유전자형은 순종이죠.

핵심은?

순종	잡종
• 대립유전자의 구성이 같은 개체 • 우성 대립유전자만 가지거나 열성 대립유전자만 가짐 • 유전자형 : RR, rr	• 대립유전자의 구성이 서로 다른 개체 • 잡종 2대는 순종일 수도, 잡종일 수도 있음 • 유전자형 : Rr

“우성과 열성처럼 순종과 잡종도 좋거나 나쁜 형질이 아니야!
쌍을 이룬 대립유전자의 유전자형이 같으면 순종, 다르면 잡종인거지~!
예를 들어서 AA, aaBB 등은 순종! Aa, aaBb 등은 잡종이야~”

같은 거리에서는 어떤 별이 더 밝게 보일까요?

난이도 ★★★

Q 지구는 밝게 보이는 태양을 극진히 모시고 있습니다. 이때, 저 멀리에서 빛나는 북극성이 불만을 말합니다. "제가 멀리 있지만, 태양 형님보다 밝다고요! 같은 거리에서 밝기를 비교해 봐요."라고 하네요. 과연 같은 거리에서 어떤 별이 더 밝게 보일까요?

단서
- 겉보기 등급은 지구에서 눈에 보이는 별의 밝기를 등급으로 나타낸 것이다.
- 절대 등급은 모든 별이 지구에서 같은 거리에 있다고 가정했을 때 별의 밝기를 등급으로 나타낸 것이다.

① 북극성

② 태양

겉보기 등급

193

지구에서 우리 눈에 보이는 별의 밝기를 등급으로 나타낸 것

겉보기 등급은 지구에서 우리 눈에 보이는 별의 밝기를 비교하여 등급으로 나타낸 것을 말합니다. 별의 실제 밝기를 생각하지 않고, 우리 눈에 보이는 밝기에 따라 정한 등급이죠. 그래서 두 별의 실제 밝기가 똑같더라도 지구와 가까이 있는 별은 더 밝게 보이고, 멀리 떨어져 있는 별은 상대적으로 어두워 보여요. 그렇기 때문에 겉보기 등급으로는 정확한 별의 밝기를 알 수 없답니다.

고대 그리스 시대의 과학자 히파르코스는 가장 밝게 보이는 별을 1등급, 가장 어둡게 보이는 별을 6등급으로 정했어요. 이후 망원경이 발명되면서 1등급보다 더 밝게 보이는 별을 0등급, −1등급, −2등급 … 순으로 세분화하였고, 6등급보다 더 어두운 별은 7등급, 8등급, 9등급 … 순으로 세분화하였죠. 각 등급 사이의 밝기를 갖는 별은 소수점을 이용하여 나타내요.

예를 들어 태양의 겉보기 등급은 −26.8등급이고, 북극성의 겉보기 등급은 2.1등급으로 태양이 북극성보다 훨씬 밝게 보인답니다.

멀리 있어
태양보다
어둡게 보

우리 눈으로 볼 때

가까이 있어서
북극성보다 밝게 보임

절대 등급

194

모든 별이 같은 거리에 있다고 가정했을 때의 밝기를 등급으로 나타낸 것

절대 등급은 모든 별이 지구로부터 10pc(파섹)*의 거리에 있다고 가정했을 때의 밝기를 비교하여 등급으로 나타낸 것을 말합니다. 다시 말해 별을 지구로부터 같은 거리에 놓고 밝기를 비교하는 거예요. 모든 별들이 지구로부터 같은 거리에 있다면 순수하게 그 별의 밝기를 비교할 수 있죠. 별은 방출하는 에너지양이 많을수록 밝아요. 그래서 절대 등급으로 별이 방출하는 에너지양을 비교할 수 있어요.

지구로부터 떨어진 거리가 달라서 겉보기 등급이 다른 별이라도 절대 등급은 같을 수 있답니다. 절대 등급도 겉보기 등급과 마찬가지로 절대 등급이 작은 별일수록 실제 밝기가 밝은 별이에요.

예를 들어 태양의 절대 등급은 4.8등급이고, 북극성의 절대 등급은 −3.7등급으로, 실제로는 북극성이 태양보다 훨씬 밝은 별이죠.

*pc(파섹) : 우주 공간에 있는 천체의 거리를 측정할 때 사용하는 단위

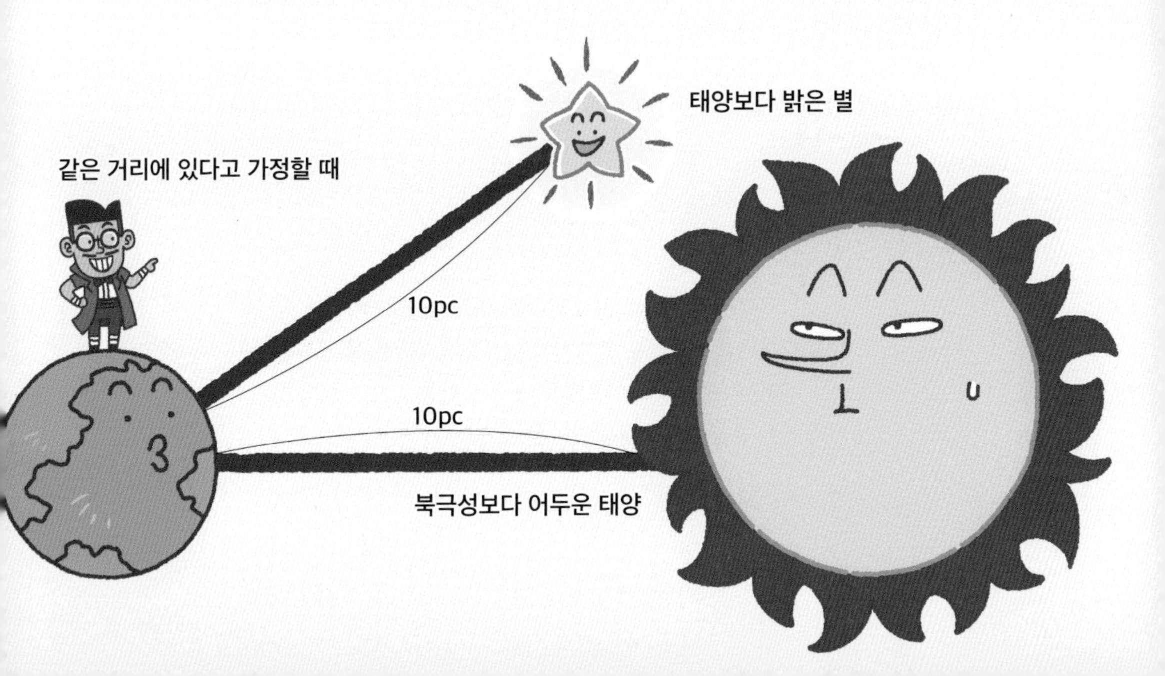

정리 좀 해볼게요

정답은? ❶ 북극성

태양의 겉보기 등급은 -26.8등급이고 북극성의 겉보기 등급은 2.1등급으로, 태양이 북극성보다 밝게 보이죠. 하지만 태양의 절대 등급은 4.8등급, 북극성의 절대 등급은 -3.7등급으로, 실제로는 북극성이 태양보다 훨씬 밝은 별이에요.

핵심은?

겉보기 등급	절대 등급
• 지구에서 우리 눈에 보이는 별의 밝기를 등급으로 나타낸 것 • 태양의 겉보기 등급 : -26.8등급 • 북극성의 겉보기 등급 : 2.1등급 • 태양보다 북극성이 어둡게 보임	• 모든 별이 지구로부터 10pc의 거리에 있다고 가정했을 때의 밝기를 등급으로 나타낸 것 • 태양의 절대 등급 : 4.8등급 • 북극성의 절대 등급 : -3.7등급 • 실제로 태양보다 북극성이 밝음

“ 우리의 눈으로 별의 밝기를 비교하는 겉보기 등급과
일정한 거리를 기준으로 별의 실제 밝기를 측정하는 절대 등급!
겉보기 등급이 같아도 절대 등급은 다를 수 있지~
별의 등급은 숫자가 작을수록 밝다는 것도 헷갈리면 안 돼! ”

어린 별은 어느 쪽 길로 가야 할까요?

난이도 ★★★

Q 우주를 떠돌고 있는 어린 별은 두 갈래의 길을 만났어요. 왼쪽 길에는 반짝이는 별들이 보이고, 오른쪽 길에는 구름이 껴 있는 것처럼 보입니다. 다른 별이 많이 있는 곳으로 가고 싶은 어린 별은 과연 어느 쪽 길로 가야 할까요?

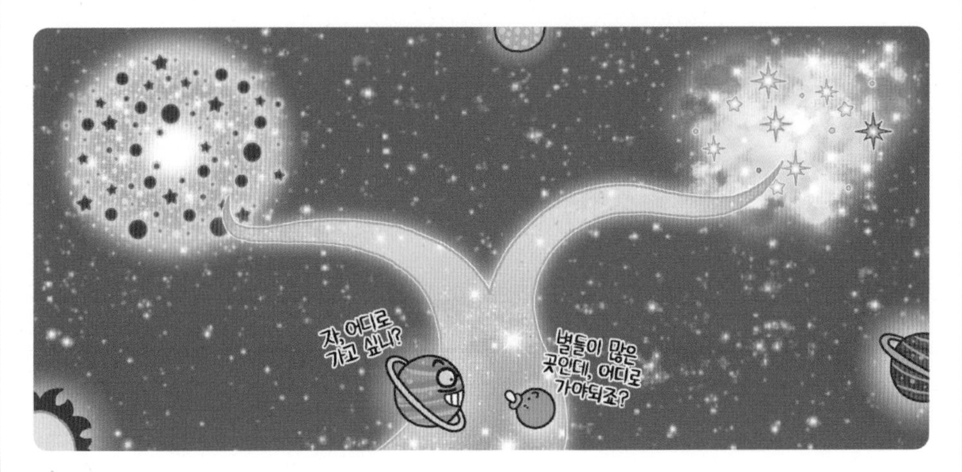

단서
- 성단은 별들이 무리를 지어 모여 있는 집단이다.
- 성운은 별 사이에 가스나 먼지들이 모여 구름처럼 보이는 것이다.

❶ 왼쪽 길 ❷ 오른쪽 길

성단 星 團

별 성 모일 단

195

우주 공간에 수많은 별이 무리를 지어 모여 있는 집단

수많은 별이 무리를 짓고 모여 있는 것을 성단이라고 합니다. 하나의 성단을 이루는 별은 거의 같은 시기, 같은 환경에서 태어났기 때문에 나이나 특징들이 비슷해요. 그래서 성단을 통해 별이 성장하는 과정을 연구할 수 있고 굉장히 중요한 자료가 되지요.

성단은 별이 모여 있는 모양이나 특징에 따라서 크게 산개 성단과 구상 성단으로 나눌 수 있습니다. 산개 성단과 구상 성단에 대한 자세한 내용은 211쪽에서 배울 수 있어요.

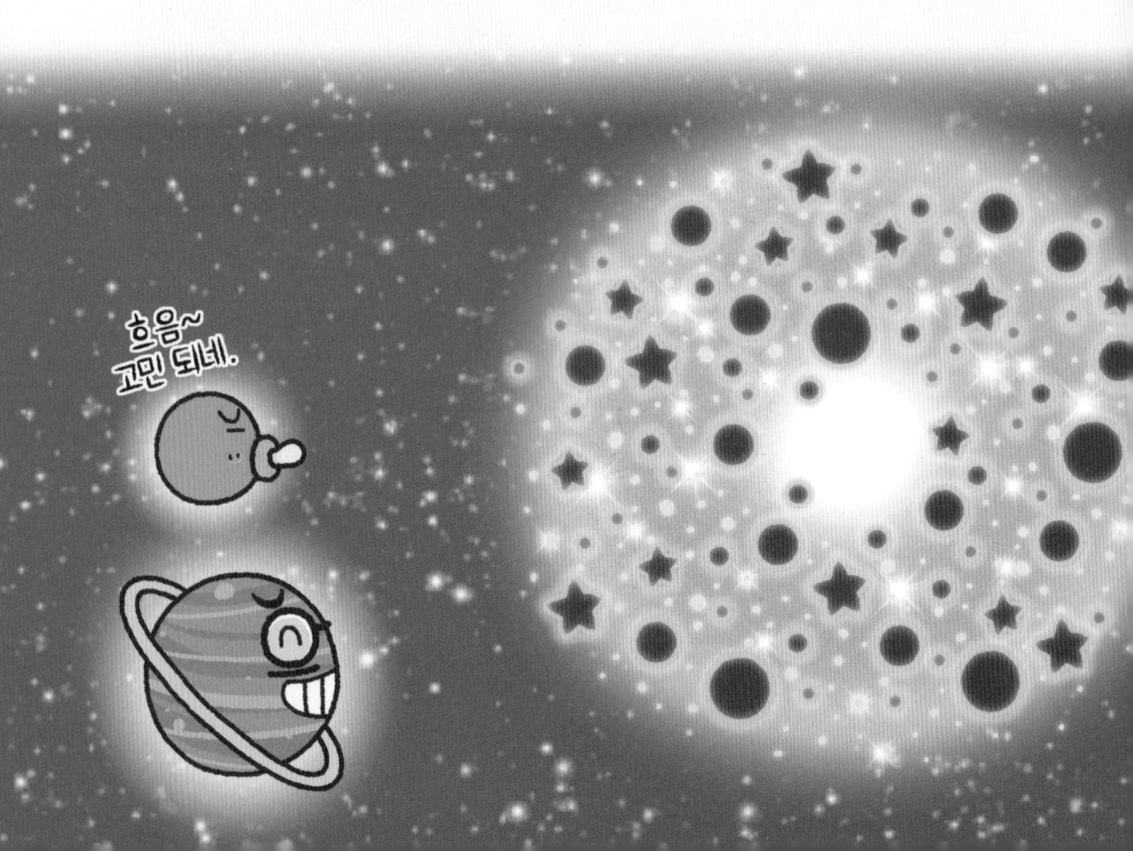

성운 星 별 성 雲 구름 운

196

우주 공간에 가스와 먼지 등이 모여 있어 구름처럼 보이는 것

우주에 있는 별과 별 사이는 완전히 비어 있는 것이 아니라 가스나 먼지들이 퍼져 있어요. 이렇게 별과 별 사이의 공간을 채우고 있는 가스나 먼지들을 성간 물질이라고 합니다. 성간 물질은 새로운 별이 태어나는 원료어떤 물건을 만드는 데 들어가는 재료가 되는데, 이런 성간 물질이 모여 뿌옇게 구름처럼 보이는 것을 성운이라고 합니다.
성운은 방출 성운이나 반사 성운처럼 밝게 보이는 성운과 암흑 성운처럼 어둡게 보이는 성운으로 나눌 수 있어요.

정리 좀 해볼게요

정답은? ❶ 왼쪽 길

어린 별은 친구들이 많이 모여 있는 곳으로 가고 싶어 해요. 그렇다면 별이 무리 지어 모여 있는 성단으로 가야 하죠. 왼쪽 길의 끝에는 성단, 오른쪽 길의 끝에는 성운의 모습이 보이네요. 따라서 어린 별이 가야할 길은 왼쪽이에요.

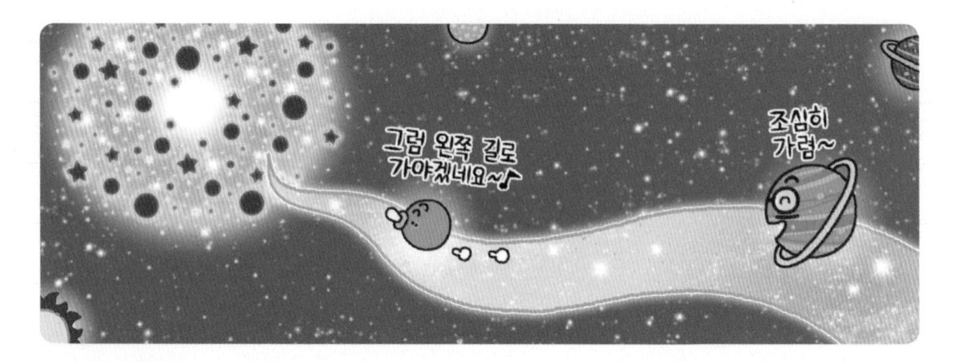

핵심은?

성단	성운
• 우주 공간에 수많은 별이 무리 지어 모여 있는 집단 • 구상 성단과 산개 성단으로 구분	• 우주 공간에 성간 물질이 모여 구름처럼 보이는 것 • 방출 성운, 반사 성운, 암흑 성운이 있음

“ 깜깜한 우주에는 반짝반짝 빛나는 별도 있고, 가스나 아주 작은 먼지들이 퍼져 있어. 이 중에서 수많은 별이 모여 이루어진 집단을 성운! 가스나 아주 작은 먼지들이 모여 구름처럼 보이는 것을 성운이라고 해~ 성단과 성운, 우주는 굉장히 신비롭지! ”

어린 별은 어떤 길을 따라가야 할까요?

난이도 ★★★

Q 성단이 있는 왼쪽 길로 온 어린 별. 그런데 또 갈림길을 만났어요. 어린 별은 자신과 나이가 비슷한 또래 별들을 만나고 싶어 하는데요. 과연 어린 별은 어떤 길을 따라가야 할까요?

단서
- 하나의 성단을 이루는 별의 나이는 비슷하다.
- 산개 성단은 성간 물질이 많은 곳에, 구상 성단은 성간 물질이 적은 곳에 분포한다.
- 별은 성간 물질이 많은 곳에서 탄생한다.

❶ 산개 성단으로 가는 길

❷ 구상 성단으로 가는 길

산개 성단

散 흩어질 산 開 열다 개 星 별 성 團 모일 단

197

나이가 적은 별이 듬성듬성 무리를 지어 모여 있는 집단

산개 성단은 별이 듬성듬성하게 모여 있는 별의 무리를 말해요. 하지만 자세히 관측해보면 수십~수만 개의 별이 모여 있지요. 별은 우주 공간에 가스나 먼지와 같은 성간 물질이 많은 곳에서 탄생하는데요. 산개 성단은 이렇게 성간 물질이 많아서 새로운 별이 많이 탄생하는 영역에 주로 분포하죠. 그래서 산개 성단을 이루는 별의 나이는 어리고, 별의 표면 온도가 높아서 파란색으로 보여요.

우리 태양계가 속해 있는 은하*를 우리은하라고 하는데, 산개 성단은 우리은하의 나선팔*에 주로 분포한답니다.

*은하(銀 은 은 河 물 하) : 구름 띠 모양으로 길게 분포되어 있는 천체 무리

*나선팔 : 나선 모양의 은하 중심부에서 소용돌이 모양으로 뻗어 나오는 구조

구상 성단

球 공 구 | 狀 모양 상 | 星 별 성 | 團 모일 단

198

나이가 많은 별이 공 모양으로 빽빽하게 무리를 지어 모여 있는 집단

구상 성단은 별이 빽빽하게 모여 있어 공 모양처럼 보이는 성단입니다. 산개 성단보다 훨씬 많은 수만~수십만 개의 별들이 모여 있죠. 구상 성단을 이루는 별은 아주 오래 전에 만들어진 별이기 때문에 나이가 많고 별의 표면 온도가 낮아서 붉은색으로 보여요.
구상 성단은 우리은하의 중심부와 우리은하 주변을 감싸고 있는 구 모양의 공간에 주로 분포한답니다.

정리 좀 해볼게요

정답은? ❶ 산개 성단으로 가는 길

산개 성단은 나이가 적은 별이 비교적 듬성듬성하게 모여 있는 성단이랍니다. 또 별의 표면 온도가 높아서 파란색을 띠고 있죠. 어린 별이 산개 성단으로 가면 또래 별들을 만날 수 있을 거예요.

핵심은?

산개 성단	구상 성단
• 나이가 적은 별이 비교적 듬성듬성하게 모여 있는 성단 • 수십~수만 개의 별로 구성 • 별의 표면 온도가 높아 파란색을 띰	• 나이가 많은 별이 공 모양으로 빽빽하게 모여 있는 성단 • 수만~수십만 개의 별로 구성 • 별의 표면 온도가 낮아 붉은색을 띰

"성단 중에서도 별들이 듬성듬성 모여 있는 성단을 산개 성단,
별이 둥글게 모여 있는 성단을 구상 성단이라고 해~!
구상 성단은 나이가 많고, 온도가 낮아 붉은 별들로 이루어져 있고,
산개 성단은 나이가 적고, 온도가 높아 푸른 별들로 이루어져 있어."

장풍쌤이 말한 이론은 어떤 우주론일까요?

난이도 ★★★

Q 전통시장에 놀러간 풍's 패밀리. 한쪽에서 뻥튀기 아저씨의 "뻥이요~" 소리와 함께 사방으로 뻥튀기 알갱이들이 펑~하고 튀어 나갑니다. 장풍쌤은 이를 보며 "뻥튀기가 사방으로 흩어지는 것처럼 우리 우주도 하나의 점에서 펑~! 하고 탄생했어."라고 합니다. 과연 장풍쌤이 말한 이론은 어떤 우주론일까요?

단서
- 우주는 한 점에서 펑! 하고 폭발했다.
- 빅뱅의 뱅(Bang)은 총을 탕! 하고 쐈을 때 나는 소리를 의미한다.

❶ 빅뱅 우주론　　❷ 정상 우주론

빅뱅 우주론

Big Bang Theory
빅뱅 우주론

199

한 점에서 대폭발로 탄생한 우주가 팽창하여 현재의 우주가 되었다는 이론

천문학자 허블의 관측에 의해 우주 공간은 모든 방향으로 팽창하고 있다는 사실이 밝혀졌어요. 만약 우주가 팽창하고 있다는 사실을 바탕으로 지금부터 시간을 거꾸로 돌린다면 우주는 점점 작아지다가 한 점으로 모이게 될 거예요. 이처럼 우주의 모든 물질과 에너지가 매우 작고 뜨거운 한 점에서 모여 있다가 대폭발이 일어난 후 팽창하면서 현재와 같은 우주가 되었다는 이론을 빅뱅 우주론이라고 한답니다.

이 이론은 미국의 물리학자인 가모프가 주장했습니다. 가모프는 우주가 팽창하더라도 물질이 더 이상 만들어지지 않고 우주의 질량은 정해져 있다고 했어요. 이렇게 일정한 질량을 가진 우주가 팽창하면서 우주의 밀도는 감소하고, 온도도 낮아졌다고 주장했지요. 그 당시에는 가모프의 주장이 받아들여지지 않았지만 시간이 흘러 빅뱅 우주론을 증명할 수 있는 여러 증거가 발견되면서 우주의 기원을 설명하는 가장 강력한 우주론으로 자리를 잡았답니다.

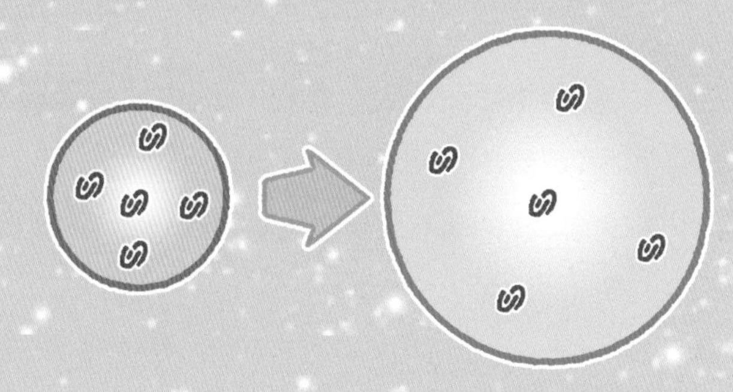

정상 우주론

Steady-state Theory
정상 우주론

200

우주는 늘 같은 상태를 유지하며 변화하지 않는다는 이론

허블에 의해 우주가 팽창하고 있다는 사실은 밝혀졌지만 그 당시 과학자들은 모든 물질과 에너지가 한 점으로부터 만들어졌다는 사실을 받아들이기 힘들었어요. 그래서 영국의 과학자 프레드 호일을 포함한 여러 과학자들은 정상 우주론이라는 이론을 발표했답니다.
정상 우주론에서 우주는 어떻게 시작이 되었는지, 어떻게 끝나는 지 알 수 없다고 설명합니다. 우주는 시간과 공간에 상관없이 우주가 만들어졌을 때부터 지금까지 형태를 유지하고 있지요. 즉, 우주는 시작도 끝도 없으므로 팽창하더라도 새로운 물질이 끊임없이 만들어져서 우주의 전체 질량이 늘어난다는 것이죠. 그래서 우주의 밀도와 온도가 일정하게 유지되고 있다는 이론이에요. 하지만 빅뱅 우주론의 여러 증거들이 나오면서 정상 우주론은 사람들의 관심에서 점점 사라져갔답니다.

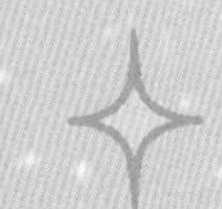

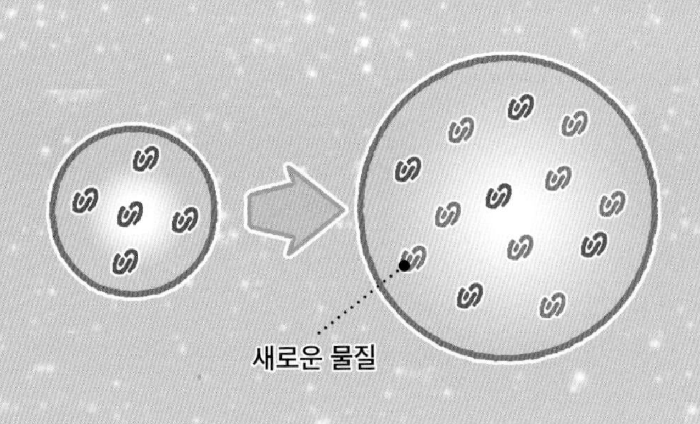
새로운 물질

우주가
펑(Big Bang)하고
태어났을리가 없지.

정리 좀 해볼게요

정답은? ❶ 빅뱅 우주론

뻥튀기가 펑~! 하고 터지면서 사방으로 흩어지는 건 빅뱅 우주론에서 말하는 우주의 탄생과 비슷해요. 우리 우주는 매우 작고 뜨거운 한 점에 모여 있다가 대폭발이 일어나면서 팽창하여 만들어졌다는 이론이지요.

핵심은?

빅뱅 우주론	정상 우주론
• 한 점에서 대폭발로 탄생한 우주가 팽창하여 현재의 우주가 되었다는 이론 • 우주의 질량은 일정하기 때문에 우주가 팽창하더라도 새로운 물질이 만들어지지 않음 • 우주의 밀도와 온도가 낮아짐	• 우주는 늘 같은 상태를 유지하며 변화하지 않는다는 이론 • 우주가 팽창함에 따라 새로운 물질이 끊임없이 만들어짐 • 우주의 밀도와 온도는 일정함

> 우주의 진화를 설명하는 두 이론, 빅뱅 우주론과 정상 우주론!
> 두 우주론 모두 우주가 팽창하고 있다는 사실을 바탕으로 주장한 이론이야.
> 하지만 빅뱅 우주론에서는 우주의 질량이 일정하고, 정상 우주론에서는
> 질량이 점점 늘어난다는 것! 차이점을 꼭 알아 두자!

자주 쓰는 단위와 기호

다양한 단위와 기호를 정확하게 구분하고 변환할 수 있도록 해요.

길이

이름	기호	변환
밀리미터	mm	1mm=0.001m
센티미터	cm	1cm=10mm
미터	m	1m=100cm
킬로미터	km	1km=1000m

온도

이름	기호	변환
섭씨온도	℃	1℃=33.8℃
화씨온도	℉	1℉=−17.22℃
절대 온도	K	1K=−272.15℃

전기

이름	기호	나타나는 양, 변환
밀리암페어	mA	전류 1mA=0.001A
암페어	A	전류 1A=1,000mA
볼트	V	전압
옴	Ω	전기저항(저항)
와트	W	전력 1,000W=1kW

우주

이름	기호	변환
파섹	pc	3.26광년
광년	광년	10조km

압력

이름	기호	변환
기압	atm	1atm=1,013.25hPa
파스칼	Pa	1Pa=0.01hPa
헥토파스칼	hPa	1hPa=100Pa

가로세로 과학 용어 퍼즐

<뭔말 과학 용어 200> 1권, 2권에서 배운 과학 용어에 대한 가로세로 퍼즐을 풀어 볼까요? 가로, 세로 풀이를 읽고 알맞은 용어를 채워보세요. 단, 띄어쓰기는 무시해도 돼요.

① 액체 상태의 물질이 기체 상태로 변하는 현상
② 천체가 자전축을 중심으로 스스로 회전하는 것
③ 태양계 행성 중 목성과 물리적 특징이 비슷한 행성
④ 생명 활동에 필요하며 에너지원으로 사용되는 영양소
⑤ 물체가 가진 고유의 양
⑥ 무색, 백색과 같이 밝은색을 띠는 광물
⑦ 소장의 융털 속에 있는 림프관
⑧ 금속의 성질을 가진 원소

❶ 원소 주기율표에서 가로줄
❷ 태양계에서 지구보다 안쪽 궤도에 존재하는 행성
❸ 수용액 상태에서 전류가 흐르는 물질
❹ 세포 분열 시 핵 속에 나타나는 막대 모양의 구조물
❺ 바닷물이 들어와서 해수면의 높이가 점점 높아지는 상태
❻ 마그마가 식어서 만들어진 암석
❼ 물체의 거리에 따라 상이 잘 맺히도록 조절하는 것
❽ 전기를 이용하여 힘을 만들어내는 장치

		②	❸		④❶				
			⑤			⑧		❼	
					❷				
❽		③							
①	❻								
							❹		❺
	⑦					⑥			

정답은 뒷장에서 공개할게요!

뭔말 덕후 선발 고사 정답

1. ②

<뭔말 과학 용어 200> 1권 206쪽을 보세요. 풍's 패밀리의 탐사선은 지구형 행성에 착륙했어요. 지구형 행성에는 화성이 있다는 것! 잊지 않았죠?

2. ③

<뭔말 과학 용어 200> 1권 66쪽을 보세요. 장풍쌤은 점심으로 짜장면을 먹었네요.

3. ③

<뭔말 과학 용어 200> 1권 39쪽에서 노란색 후드티, 82쪽에서 흰색 실험 가운, 210쪽에서 초록색 쫄쫄이 옷을 입은 장품쌤을 발견할 수 있을 거예요. 하지만 검은색 롱패딩을 입었던 적은 없답니다.

가로세로 과학 용어 퍼즐 정답

		② 자	❸ 전		④❶ 주	영	양	소	
			해		기				
			⑤ 질	량		⑧ 금	속	❼ 원	소
					❷ 내			근	
❽ 전		③ 목	성	형	행	성		조	
동					성			절	
① 기	❻ 화								
	성						❹ 염		❺ 밀
	⑦ 암	죽	관			⑥ 무	색	광	물
							체		

초판 4쇄 발행 2024년 2월 19일
초판 1쇄 발행 2022년 5월 4일

글 | 장성규(장풍)
그림 | 김석
감수 | 임효진, 정영아, 유혜인(장풍 과학연구소)
송안석(경기 오마중학교)
스토리 | 김경선

발행인 | 손은진
개발 책임 | 김문주
개발 | 김숙영, 서은영, 민고은
디자인 | 이정숙, 윤인아, 이솔이
마케팅 | 엄재욱, 김상민
제작 | 이성재, 장병미

발행처 | 메가스터디(주)
주소 | 서울시 서초구 효령로 304 국제전자센터 24층
대표전화 | 1661-5431
홈페이지 | http://www.megastudybooks.com
출판사 신고 번호 | 제 2015-000159호
출간제안/원고투고 | 메가스터디북스 홈페이지 <투고 문의>에 등록

*잘못된 책은 구입하신 곳에서 바꾸어 드립니다.